U0184066

复杂动态网络构建与仿真

邱宝林◎著

中国铁道出版社有限公司
CHINA RAILWAY PUBLISHING HOUSE CO., LTD.

内 容 简 介

复杂动态网络广泛存在于自然界以及人类社会,因其具有重要应用价值而得到广泛关注。其中,神经网络是复杂动态网络在生物工程、计算机科学等领域的交叉研究分支,其动力学行为是目前的研究热点。

本书从神经元真实生物结构以及工作机制出发,探究已有的经典单边忆阻神经网络模型的不足,进而建模得到多边忆阻切变网络模型,并深入探究其丰富的动力学特性。

本书内容源自著者科研过程中的理论创新与实验仿真,既有该领域前沿的理论创新成果,还有具体的仿真实验支撑,对网络科学的研究人员及计算机学科从业人员具有较好的思路拓展和参考价值。

图书在版编目(CIP)数据

复杂动态网络构建与仿真/邱宝林著.—北京:中国铁道出版社有限公司,2022.12
ISBN 978-7-113-29908-8

Ⅰ.①复… Ⅱ.①邱… Ⅲ.①动态网络-研究 Ⅳ.①TN711

中国版本图书馆 CIP 数据核字(2022)第 252836 号

书　　名:复杂动态网络构建与仿真
作　　者:邱宝林

策　　划:曹莉群　　　　　　　　　　　编辑部电话:(010)63549501
责任编辑:贾　星　　徐盼欣
封面设计:尚明龙
责任校对:刘　畅
责任印制:樊启鹏

出版发行:中国铁道出版社有限公司(100054,北京市西城区右安门西街 8 号)
网　　址:http://www.tdpress.com/51eds/
印　　刷:北京铭成印刷有限公司
版　　次:2022 年 12 月第 1 版　2022 年 12 月第 1 次印刷
开　　本:710 mm×1 000 mm 1/16　印张:8.75　字数:171 千
书　　号:ISBN 978-7-113-29908-8
定　　价:50.00 元

版权所有　侵权必究

凡购买铁道版图书,如有印制质量问题,请与本社教材图书营销部联系调换。电话:(010)63550836
打击盗版举报电话:(010)63549461

复杂动态网络广泛存在于自然界以及人类生产生活等领域中,其研究具有广泛的潜在应用。复杂系统作为基础研究被我国列入《国家中长期科学和技术发展规划纲要(2006—2020年)》。生物工程领域研究成果显示,神经元之间可以维系多条且不同突触类型的连接进行兴奋的传导。所以,当前经典单边忆阻神经网络模型已不足以描述这一复杂系统的结构。本书基于此对其进行改进和建模得到多边忆阻切变网络模型,并深入研究其丰富的动力学行为,而网络同步行为对于真实系统的工作影响深远,可能促进工作效能,或严重阻碍系统的正常工作。因此,对网络系统的同步行为进行研究并实现有利导向控制是一项实际意义很强的工作。

本书研究包括反馈控制策略、自适应控制策略、混杂控制策略等同步控制技术,同步动力学行为覆盖渐近同步、指数同步、有限时间/固定时间同步等类属,内容架构可归纳为"四块两层一体",即四个研究模块:①多边复杂动态网络的有限时间同步与固定时间同步控制研究,②带脉冲扰动多边忆阻切变网络的稳定性与同步控制研究,③均匀随机攻击下的多边忆阻切变网络的同步控制研究,④带混合时延的多边忆阻切变网络的可切变牵制同步控制研究;两个层次:复杂网络研究、忆阻神经网络研究;一体:多边滞后复杂动态网络的动力学分析与同步控制策略研究体系。根据研究内容形成图1所示组织架构图。

图1展示了本书各章之间的关系。具体结构安排如下:

其中,模块1为复杂网络层次的研究工作,模块2~模块4则为忆阻神经网络层次的研究工作。而这两个层次的研究工作都围绕"复杂动态网络建模与仿真"这一主线展开,最终形成了多边滞后复杂动态网络的动力学分析与同步控制策略研究体系。

本书分六章,详细研究了不同复杂动态网络的多种同步问题。

第1章主要对复杂动态网络以及忆阻神经网络的研究背景及现状进行阐述、梳理。

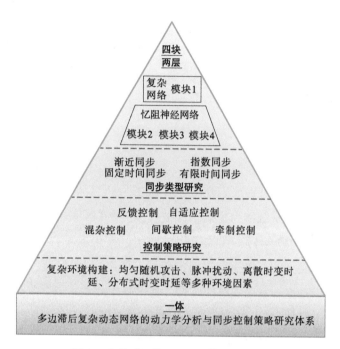

图1 本书"四块两层一体"组织架构

第2章从现实物理世界真实情况出发,研究使用的复杂动态网络模型考虑从其他节点信息传递到当前节点的单时变时延,主要研究多边时变时延复杂动态网络的有限时间同步与固定时间同步控制策略问题。

第3~5章,主要研究带脉冲扰动多边忆阻切换网络的稳定性及渐近同步与有限时间同步控制策略问题、均匀随机攻击下的多边忆阻切变网络的同步控制策略问题、带混合时延的多边忆阻切变网络的可切换牵制同步控制策略问题。内容既深入研究了网络动力学学术问题,也兼顾考虑应用性。

第6章给出了本书主要工作的总结以及后续工作方向的一些展望。

本书引用了大量的参考文献,在此向相关作者表示衷心的感谢。对于书中的纰漏和不妥之处,热忱欢迎广大读者反馈意见和批评,以便进一步提高本书质量。

邱宝林
2022 年 9 月

目 录

第3章　带脉冲扰动多边忆阻切变网络的稳定性与同步控制研究

第4章　均匀随机攻击下的多边忆阻切变网络的同步控制研究

第5章 带混合时延的多边忆阻切变网络的间歇牵制同步控制研究

第6章 复杂动态网络建模及控制技术展望

第 1 章

导论：打破自然与计算之间隔阂的复杂动态网络

复杂动态网络主要可以通过"复、杂、动"三个突出特征来刻画界定。"复"即繁复，主要体现的是网络的拓扑结构相关特性，如涵盖了小世界网络结构特性，可形象地反映出网络中信息传播的短路径特点，也涵盖了网络节点度数的幂率分布特性、网络节点社区结构化特性、网络规模特性等；"杂"主要体现组成网络的个体对象的集聚程度与集聚规律等；而"动"这一特征则更多是从现实世界中的网络系统总是随时间或者其他维度推演变化而总结得到的，正是这一特征体现出了网络进化或稳态发展趋势等动态属性。自然界和人类社会处处皆可发现复杂动态网络的踪迹，因此，有必要采用控制理论、系统科学、运筹学等学科理论、技术对复杂动态网络进行深入研究，这将对各个研究领域的进步发展起到积极推动作用。本章内容围绕复杂网络和忆阻神经网络的研究现状及其同步控制策略问题展开。

1.1 随时代而动的复杂动态网络研究趋势

1.1.1 复杂动态网络、神经网络与忆阻神经网络之间的承续演进

复杂动态网络种类繁多，在自然界或者人类社会的各个领域都不难发现不同规模、不同类型的复杂动态网络。而神经网络作为复杂动态网络在生物界的一个子类网络，其构建与研究将对生物类脑神经的工作机制及其相关应用将产生重要的影响，具有深远的科研意义和应用价值。神经网络研究的意义不仅仅局限于生物网络这一范畴，同时将有助其他交叉学科的研究发展，如信息安全、通信、人工智

能、图像处理等科研领域。忆阻神经网络可以认为是综合考虑忆阻器物理属性和神经突触特性后对生物神经网络的更进一步的网络建模。忆阻神经网络作为一种复杂的动态网络,可利用复杂动态网络的相关性质进行研究,同时忆阻神经网络研究是复杂动态网络体系研究中的重要组成部分,对生物神经网络的工作机制探索起到了积极的作用。忆阻神经网络研究的潜在应用也非常广泛,例如,在"类脑神经"计算机构建中的潜在应用。图 1-1 给出了复杂动态网络、神经网络、生物网络与忆阻神经网络的简单关联示意图。

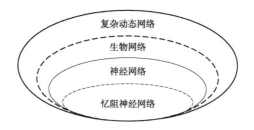

图 1-1 复杂动态网络、神经网络、生物网络与忆阻神经网络的简单关联示意图

1.1.2 复杂动态网络

通常,人们习惯于将身边互联的各种系统视为网络,如电力网或物流运输网等。而连接网络与系统的关键桥梁就是数学的重要分支之一——图论。众所周知,通过运用图论对系统进行研究的历史由来已久。因此,网络概念在复杂动态网络研究兴起之前就已经被多个领域的研究人员关注并起到了重要的作用,如计算机网络、社会学研究、数学重要分支图论等领域。不同领域研究人员为了研究物理系统的动力学行为、规律、特征等系统属性,将现实世界中的物理网络系统抽象成诸如电力网络、机电网络、通信网络、生物网络、社交网络等复杂动态网络模型,进而加以研究。

真正引起研究人员对复杂动态网络的研究热潮的是 1998 年和 1999 年的两篇论文。1998 年,Watts 和 Strogatz 在世界名刊 *Nature*(《自然》)上发表关于复杂网络的文章,文中对复杂网络满足的小世界网络特性做了阐述[1],而满足小世界网络特性的网络即被归类为 WS 小世界网络。1999 年,*Science*(《科学》)相继刊出了 Barabási 和 Albert 的关于复杂网络的又一重要研究成果,给出了网络节点度数分布符合幂率函数分布规律,即无标度特性(Scale-free Property),并且将具有无标度特性的复杂网络称为 BA 无标度网络[2]。这两篇文章的发表掀起了对复杂动态网络的广泛研究,学科上涉及了系统科学、计算机学、数学、经济学、电子科学、物理科学等众多主流学科。小世界特性和无标度特性是复杂动态网络都具有的拓扑统计特性,下面分别进行介绍。

(1)小世界特性。最早,Erdös 和 Rényi 首次提出随机网络模型并采用概率统计方法深入研究该网络图的统计特性。而 Watts 和 Strogatz 在 1998 年提出的小世界网络新模型则描述了从局部有序(规则)网络到随机网络的转移过程。这刚好印证了几十年以来物理学家的观点——复杂性位于规则和随机之间,因此,复杂动态网络一般被用来表述实际生活中的网络。小世界特性是相对规则网络和随机网络所表现出的一种网络特性,即同规则网络模型相比,复杂动态网络具有更小的平均网络节点间距;同随机网络模型相比,复杂动态网络具备更大的集群系数。

(2)无标度特性。通常,现实网络的大量连接集中在少数的网络节点,而多数网络节点的连接较少。这样的网络节点度数分布规律刚好符合幂率分布,该网络特征被称为无标度特性。这一网络特性也可以理解为:复杂动态网络节点的临边数值的取值规律在数学概率分布上符合幂函数特征。规则网络和随机网络中节点的这一分布分别符合 δ 函数和正态分布。复杂动态网络的无标度特性反映了网络中的基本单元与邻居单元之间耦合作用的不均匀性。

针对复杂动态网络的研究中,网络建模和网络控制策略是复杂动态网络研究的两大重要内容。

(1)网络建模研究。当前复杂动态网络已经发展成为复杂性科学领域的研究热点,而新的研究问题被不断挖掘。对于这一系列新问题的研究,复杂动态网络模型成为理解生物网络、金融经济网络、计算机网络等各类实际网络的关键部分。所以,如何构建更为恰当的复杂动态网络模型成为研究人员关注的新问题。构建更合适的网络模型不仅有利于网络统计性质的理解,而且有助于深入研究网络的内部工作机制。可见,网络模型构建的质量可直接影响对实际网络的统计性质的研究成果的可靠性和客观性。

(2)网络控制策略研究。基于对实际网络的数学建模,研究人员对网络性能及功能等属性获得系列成果。但为了获得更好的应用效果或预期目标,需要设计合理有效的方法、方式来人为控制和改善网络的性能,网络的稳定性和同步性等方面的控制策略研究。复杂动态网络的控制研究在许多领域具有广阔的潜在应用前景,受到较多关注。

纵观复杂动态网络的发展进程,自 1736 年 Euler 提出七桥问题开始,复杂动态网络研究历经数百年沉淀和发展。图 1-2 给出了复杂动态网络研究的几个扼要历史节点及对应事件[3]。

1.1.3　忆阻神经网络

忆阻神经网络可认为是采用忆阻器作为网络连边而构建的神经网络模型,是一类重要的人工模拟生物网络。自 2008 年忆阻器成功制备以来,忆阻神经网络得到了广泛的关注、研究。

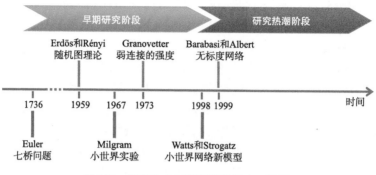

图1-2 复杂动态网络研究的简史一览图

1. 记忆电阻器(忆阻器)

记忆电阻器简称忆阻器。作为忆阻神经网络区别于一般神经网络模型的关键性电子元器件,忆阻器具备区别于电阻器的显著特征,即阻值可变特性。忆阻的概念是科学家蔡少棠于 1971 年提出的[4]。最初是蔡少棠在对电荷 q、电压 u、电流 i 以及磁通量 φ 四种物理量进行关系分析与研究时,发现应该在已有的三类基本电子元器件(即电感器、电容器、电阻器)以外还存在第四种电子元器件,否则,用于描述电荷 q 与磁通量 φ 两个物理量关系的组件缺失。所以提出了第四种基本电子元器件的概念——忆阻,填补了 q 与 φ 之间的关系表达式 $d\varphi = Mdq$。式中,M 表示忆阻器的阻值。从该表达式中可以很清晰地发现,M 的取值随 dq 值(理解为电荷流量)的变化而变化。虽然 M 随 dq 值的变化而不同,M 值并不会因为电流的消失或停止而归零或发生不可知异变,忆阻值会继续保持(记忆)电流消失时刻的阻值直至反向电流量的流通将阻值推回去。图 1-3 给出了 φ, u, i, q 四个物理量的关系示意以及惠普实验室制备成功的忆阻器电子元器件。

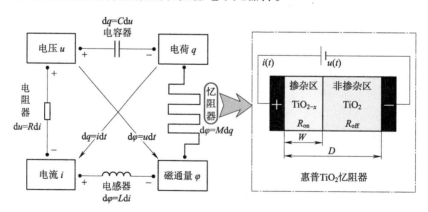

图1-3 四类基本元器件关系示意及惠普研制成功的忆阻器件

在忆阻概念提出的早期,研究停留在理论层面,没有实物的忆阻电子元器件出现。直到 2008 年,惠普公司核心研究机构的领军人物 Stanley Williams 带领团队在针对二氧化钛(TiO_2)的研究中,意外地观察到 TiO_2 的电子会在特殊情境下表现出某些奇特的特性。基于这一发现,他们逐步探索出滑动变阻器的模型并最终研制出首个忆阻器实物,该成果被撰写成文发表在 *Nature*[5]。

忆阻器体积小、耗能低,具有电阻器的量纲,与电阻器具有较多共同的物理属性,但是忆阻器具有一些电阻器无法比拟的显著特点和物理属性。图 1-4 给出了忆阻器的几个重要特点。

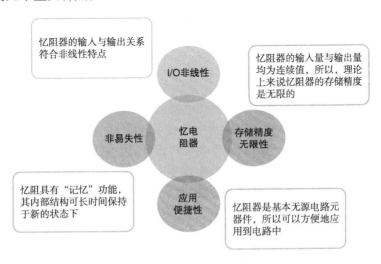

图 1-4 忆阻器的特点

忆阻的这些突出特点奠定了其在某些应用场景下的不可替代性和无可比拟的优势,它可以做到体积小却存储量高[6]。忆阻具有可记忆非易失特性,而且由于体积小便于集成规划,使得忆阻器成为比较理想的下一代存储元器件,迅速得到大量的关注和进一步的研究。

目前,普及使用中的传统电子计算机的构建原理来自冯·诺依曼。它的计算规则依据的是逻辑规则。由于硬件性能的优越性以及系统的合理模块化设计,电子计算机通常具有较人工强得多的算术能力与逻辑运算能力。其在计算效率、计算准确度与精度、计算可信度等性能方面得到广泛的认可,使其在人类生活、生产中得到大范围的推广应用。但是,就目前的电子计算机发展程度而言,其"程序化"的计算或信息处理能力远远超越人工能力,不可否认的是其形象思维方面的能力却远不及人脑的处理能力。比如,在人头攒动、车水马龙的大街上,人类可以通过外貌、声音、肢体动作等多方面信息比较准确地识别出自己阔别已久的老朋友;一组正确无误书写的英语语句,如果将其中几个关键词的字母进行倒写、错写或者置乱等适当扰动操作后,人脑仍能比较轻松地掌握、获取到这一"病句"所要表达的真实意思,但电子计算机很可能就会无法或者错误识别、翻译语句的意思。综上,对于按照冯·诺依曼原理构建的传统电子计算机设备而言,想要具有较强的形象思维能力,就需要在系统构建方面寻找创新性思路与设计。而忆阻器除了作为一种理想的非易失性、持久记忆存储元器件外,其另一个重要的潜在应用领域为类脑计算机系统的构建。基于忆阻器构建的类脑计算机系统与普通计算机系统的最大区别体现在类脑功能上,即类脑记忆功能和类脑联想模式功能。类脑计算机系统在信息存储与读取时模拟类似人类大脑的信息处理方式,利于改善已有模糊识别的方法,实现更加复杂、有效的生物识别等技术。

2. 神经网络

就目前研究情况来看,类脑神经计算机在构造原理上需要重新考虑多维问题解决的新技术和算法。而新技术和算法的复杂度取决于生物神经网络的实际问题处理机制,因此,类脑神经计算机构建中的技术、算法的形式化基础和根本仍然是神经网络的理论体系[7-9]。所以,基于实际神经系统的结构特点与智能工作机制而来的神经网络模型研究自然而然地出现。

20 世纪末,神经网络技术迅猛发展,而人工神经网络模型是基于大脑神经系统总结抽象得到的模拟动态系统。其研究目的是通过研究大脑相关工作机制,使人造电子设备模拟实现一些类脑功能,如形象思维能力、推理思考能力、学习能力等。人工神经网络可较好地用于解决非确定性且非线性系统的建模与控制问题,主要因为其自学习适应能力、输入/输出的良好非线性映射能力以及较强的信息并行处理能力。简单来讲,人工神经网络可以认为是一个从输入集到输出集的映射规则载体,而神经网络良好的映射、学习、信息处理和适应等能力可以更好地帮助实现网络系统不同的映射特性。

大脑神经系统大概包含 $10^{10} \sim 10^{12}$ 数量级的神经元,单独看神经元时,其功能、结构简单,完成生物功能单一。而在生物神经网络中,神经元之间会有信息沟通、传递,该功能通过突触完成。因此,突触是网络中的神经元之间信息传导的基本功能单元。待传输信息在轴突上表现为电信号,电信号到达突触的前端部位就释放出神经传递素(或称为递质),递质扩散至与相邻神经元构成的突触的后端,完成信息的传导。通过神经突触将一系列神经元连接形成非线性且复杂的网络后可实现众多学习、思考和推理等工作。因此,人工神经网络模型的构建既要关注到复杂的网络拓扑结构,同时还要考虑网络输入/输出的非线性映射特性。

神经网络作为一个大型的非线性、具有并行处理能力的动力学系统,具有以下几点特征和性质:

（1）非线性特征：单个神经元可具有线性或者非线性特性。而由一系列非线性神经元经权边连接耦合而成的神经网络的非线性是与生俱来的，从网络节点的非线性特性容易理解神经网络的非线性是属于整个网络的性质。因此，非线性的神经网络在处理非线性输入信号时具有与生俱来的优势。

（2）非局限特征：由于神经网络包含一系列神经元节点，网络的动力学行为不单单取决于单独神经元的动力学特征，整个网络的动力学行为表现为网络所有节点的耦合结果，这恰好模拟了大脑的功能是由大量神经元协调工作实现生物功能的非局限性特性。体现这一特点的是神经网络的联想记忆能力。

（3）非常定特征：人工模拟神经网络具有多种自主能力，如自主学习、组织以及反馈调控等能力。这一非常定特性不仅表现在动力系统的输入信息非常定，同时表现在系统本身的非线性非常定演变上。

（4）非凸性：神经网络动力系统具有多个稳定的平衡态。

3. 忆阻神经网络

目前来看，基于忆阻器的理论和应用的相关研究深度和广度都还有待提升。早期研究主要是从物理学角度出发对忆阻器进行探索研究；后来研究范围拓展延伸到存储、逻辑运算等方面；最近将忆阻器应用到人工神经网络上的研究得到了较大的关注度。2011年，美国的 Gary Anthes 教授在 *Memristors：Pass or Fail?* 这一重要文献中曾给出关于忆阻器的应用研究方向，即忆阻器短期内的应用领域最可能为存储设备，而其最终的应用研究则最可能在于人工神经网络领域[10]。

关于神经系统工作机制的已有研究成果显示，神经元之间的信息沟通是经由突触结构实现的。人脑具有学习和记忆功能，这与突触传递的可塑性息息相关，具体表现为其连接强度的可调节这一重要特征。而在经典的人工神经网络中是采用电阻作为节点直接连接边来代替突触的功能，很明显电阻物理特征很难满足对突触工作机制模拟的需求。但忆阻器的阻值有上升与下降的变化过程，是模拟生物突触连接强度可调性的理想电子元器件。因此，为了构建贴近生物神经系统工作机制与结构特征的人工神经网络模型，人们引进忆阻器来代替电阻模拟突触功能，形成忆阻神经网络模型。基于忆阻器的神经网络可以更进一步模拟真实大脑。

通过已有研究可知，神经元的末端可分化出多个分支，形成若干突触小体，神经元通过这些分支可与相邻神经元的树突、细胞体等部位接触形成不同类型的突触。换言之，两个神经元之间的接触连接不是单一的，而是具有多分支、多边接触特性。很明显，当前的单层经典忆阻神经网络模型不足以描述这一复杂的神经网络的结构特性，因此构建新的多边忆阻神经网络模型以探索研究神经系统的工作机制和原理很有必要。

1.2 两个关键问题：网络稳定性与同步性

网络的稳定性与同步性是研究复杂动态网络的动力学行为的关键理论基础，本节将对网络稳定性和同步性内容加以介绍。

1.2.1 网络稳定性

稳定性理论的发源是力学，旨在探索系统网络中各种扰动因子对系统状态的干扰和影响，并最终找寻到用于判定系统网络稳定性质的一般性法则。1788年，Lagrange 首次给出一般性的平衡稳定性定理，且在 1846 年由 Dirichlet 对该定理进行了论证。时至 1892 年，Lyapunov 给出一个开创性的研究成果，提出了稳定性在数学上的严谨定义，得到了解决稳定性问题的数学方法。这一成果最终公开发表并成为现代稳定性问题研究的奠基石一直传承使用至今。早期的稳定性问题研究主要集中在力学问题的探讨上，出于工程调节、调控等多方面的需求，相关问题的研究探索快速推动稳定性理论的发展、进步。随着时间的推移，稳定性理论的应用和进一步研究在各个领域迅速引起共鸣和广泛研究，在众多交叉领域科研人员努力下，稳定性理论得到了充实和发展，逐渐形成新的稳定性理论体系。其中，复杂动态网络的稳定性问题研究就是重要的一个研究课题。

作为奠基性工作，Lyapunov 的稳定性理论具有非常强的普适性，无论是非线性/线性还是非定常/定常网络的稳定性问题，均可采用这一准则进行解决。利用 Lyapunov 稳定性理论分析研究稳定性问题可以避免大量烦琐的计算过程，做到定量精确、有效的分析。因此，这一稳定性准则在数学、力学以外的其他自然科学或社会科学等领域也得到了广泛的推广应用。现如今，俄罗斯 Lyapunov 院士提出的针对稳定性判别的一般性准则和分析方法被成功应用到复杂动态网络或忆阻神经网络等动力系统进行网络稳定性问题的分析和研究。

1.2.2 网络同步性

复杂动态网络上的动力学研究是目前的一个研究热点，而网络的同步行为是一种常见的网络集群动力学行为。网络同步性的研究作为各种集群协同现象的理论基础将有助于人们更好地理解和探索这些集群现象与行为。更重要的是，网络同步性普遍存在于人们的生活与社会生产等领域，在不同的场景下，同步性会扮演不同的作用角色。网络同步性可以促进、帮助社会生产和人类生活，但有的时候也可能变成严重的阻碍因素，所以深入探索研究网络的同步性是非常有必要的。

同步现象普遍存在，从空间上来看，在田野中的蛙群能达到齐鸣，在空中飞舞的萤火虫群体发光节奏的一致现象，在网络中的路由器有时候同步发送路由信息的现象，在演唱会精彩节目过后的雷鸣掌声会有纷杂逐渐趋于有节奏的鼓掌；从时间上来看，1665 年，病榻之上的惠更斯意外发现同挂一根梁的两个钟摆在若干时间后达到了同步摆动。1680 年，在泰国（当时称为暹罗）旅行的旅行家肯普弗行至湄南河时遇到一个让他记忆深刻的经历，他被一些明亮发光的昆虫吸引住，然后发现停在树枝上的昆虫会同时闪光和同时不亮，这一集群行为的发生在时间上精准同步。2000 年，参加千年桥通行盛典的大量伦敦市民步行在大桥上时，由于人群步行形成的共振引起刚竣工的大桥发生振动，振幅峰值甚至达到 20 cm，这一现象引起人群的恐慌，同时对桥体也是巨大的潜在危害。

从目前的研究成果来看，看似偶然的这一系列同步动力学行为是可以通过数学作出相应的理论分析的。将集群中的个体视为一个动力学系统，那么集群中的所有个体的集群动力学行为研究就转变成了对系列动力学系统的某种特定耦合作用或关联的研究，定性、定量探究清楚动力学系统之间的耦合关联即可对集群动力学行为作出科学的理论解释。事实上，相关交叉研究早已在生物、数学和物理等学科领域展开，其中开创性研究的灵魂性人物有 Winfree、Kuranmoto 等。在这一系列开创性工作之后，人们对耦合动力学系统的同步性研究工作产生了浓厚的兴趣与关注。20 世纪，研究重点主要是基于简单、规则的网络拓扑进行的，而现在对复杂动态网络的研究则呈现多点突破、百花齐放趋势。例如，设计合适的控制策略研究复杂动态网络的同步行为就是一个比较热门的研究点。

1.3　同步控制策略的国内外研究历史与现状

网络系统的同步现象有时对生活、生产等有利，但也有时是极其不利的。因此，非常有必要从系统外部引入一个控制干预力量，也就是同步控制策略。人为设计的控制策略根据预期目标的不同而起到不同作用，可以是促进网络同步的，也可以是抑制网络同步的，以达到网络性能的优化和提升。目前，同步控制策略研究成果众多，可以归类得到以下几种主要类别：自适应控制策略、普通反馈控制策略、间歇控制策略、脉冲控制策略、牵制控制策略以及混杂控制策略等。也可以根据控制法则的连续性对所有控制技术进行更泛化一点的分类，即连续型控制策略和非连续型控制策略。不管按照控制策略如何划分和归类，其最终目的是对网络系统的同步动力学行为进行人为干预。根据网络系统达到同步所需的时间情况，可以将同步划分为渐进同步、有限时间同步和固定时间同步。图 1-5 为常见控制策略和网络同步类型。下面简要介绍几种控制策略。

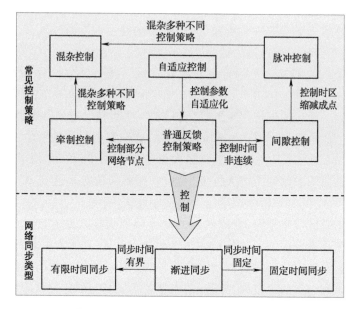

图1-5　常见控制策略和网络同步类型图

1. 自适应控制策略

自适应控制策略的最大特点是自适应性,可以使得控制器具备随网络系统不确定性变化的自主调整控制参数从而实现自适应能力。由于自适应特性,可以使控制器更灵活地适应控制对象的变化情况、适应一定程度的外界不确定因子扰动影响。相对于任何时候、任何情况下控制增益固定不变的控制策略,自适应控制策略随时修正控制强度将可以更有效地降低控制成本。由于现实环境中或者系统内部经常会不可避免地存在一些不确定性影响因子,所以采用自适应思路设计而成的控制器一定程度上可以适应这些不确定因子的影响控制网络系统实现同步稳定状态。因此,自适应控制策略表现出一定程度的健壮优越性。

现在,已有众多关于自适应控制策略问题的研究成果。Jin 等[11]研究了一类带网络退化现象的非确定性动态复杂网络的健壮同步问题,设计并提出一种采用自适应控制思想的控制器来调整未知耦合因子来补偿网络退化和评估控制参数对非确定因子的影响效果。Cao 等[12]提出一种自适应控制策略,几乎可以实现所有类型的带时延耦合神经网络的同步目标;同时通过恰当选择耦合权重的更新增益可以调整同步的速度。Wang 等[13]采用一种更一般化的自适应控制器研究了忆阻神经网络的全局同步问题。因自适应控制策略的良好应用能力,这一领域形成了较多的研究成果[14-17]。

2. 普通反馈控制策略

普通反馈控制策略的基本思路是充分使用反馈信息进行一系列有目的的监管

或干预,是一种简单有效的技术。在实际网络系统中,系统的工作表现即系统输出量通过各种信息感应器进行采集回传,与预设目标参数进行比对,从而可以了解掌握系统的工作状况。根据反馈信息与目标参数之间的差异情况,控制系统依据设计好的控制指令进行网络工作状态调控以改善网络系统的工作表现。但是,这种反馈控制策略往往灵活度不够理想,而且控制器中的控制增益的合适设置问题比较关键,控制增益过大或过小都可能严重影响同步效果。该类控制策略比较常见,得到比较完善的研究[18-23]。

3. 间歇控制策略

间歇控制策略可以理解为是对全时区控制策略的一种缩减版技术,因为它的控制是间断、非连续的。间隙控制技术只在一系列有限时间区段内施加干预,这一系列有控制在干预的有限时间区段称为控制宽度。相邻控制宽度之间存在无控制时间区段,因此,间隙控制策略压缩了一部分控制成本,成本降低程度与控制宽度紧密相关,同时一味地追求控制成本降低的目标也可能对同步效果造成一定程度的影响。这里给出一个复杂动态系统所采用的间歇控制器的示例:

$$u_i(t) = \begin{cases} -re_i(t) & lT \leq t < lT + \eta, \\ 0 & lT + \eta \leq t < (l+1)T, \end{cases}$$

其中,$u_i(t)$ 为间歇控制器;r 为控制增益强度;T 为控制与非控制交替周期;η 为控制宽度。每个周期内 $lT \leq t < lT + \eta$ 时间区段内控制器有控制输出,而 $lT + \eta \leq t < (l+1)T$ 时间区段内无控制。间歇控制作为一种降低控制成本的有效方法成为各领域的关注、研究热点[24-28]。

4. 脉冲控制策略

脉冲控制策略在一些难以或无法连续施加控制干预的实际系统中应用价值重大,该控制策略只要求在一系列脉冲时刻点施加干预,导控实际系统向着预期的状态发展。与间歇控制策略类似,脉冲控制策略也属于非连续控制技术,可以有效降低控制成本,同时实现对实际网络系统的人为引导控制干预。当然,如果将脉冲时刻点拓展成一个控制时间区段,脉冲控制策略即转变成为间歇控制策略,二者在控制思路上比较相似。不少文献的同步研究工作均采用脉冲控制思路开展,并得到一系列用于确保同步目标实现的理论条件[29-31]。

5. 牵制控制策略

牵制控制策略也可以实现控制成本的压缩、降低,但它是从缩减控制节点数量来达到这一目标的。所谓牵制即体现在网络系统节点对象之间存在各种耦合作用而相互牵制着,利用这一特点,早期研究人员尝试只控制若干个网络节点而其他节点未带控制,即通过节点之间耦合作用逐渐实现趋于与受控节点同步的状态。其中具有代表性的早期牵制控制研究工作有 Wang 等[32]通过对比较线性反馈牵制控制对节点度数不同的网络对象施以控制以探索同步实现的难易程度。该文献作者发现对度大的节点施加控制比对度小的节点施加更有利于整个网络的同步状态的实现。如果将这一结论放到社交网络中就会变得更加明了易懂,因为通常社会关系度大的对象更趋于社会网络的核心集群,对全网的影响力度自然比边缘网络对象的影响力更大些。Yang 等[33]提出一种新颖的牵制控制方法研究忆阻神经网络的渐近同步和指数同步问题,并给出多条确保同步实现的充分条件。Liu 等[34]基于牵制控制策略研究了带马尔科夫切变的中立型复杂网络的有限时间同步问题。

6. 混杂控制策略

随着生产环境的复杂性加剧,单一化的控制策略可能无法很好地满足系统工作需求,所以需要结合复杂的环境情况设计整合多种控制策略,复合型混杂控制技术由此应运而生。通过混杂控制思想适当设计出来的控制器可以同时具备多种控制优势,这对于实际生产应用意义重大。Jin 等[35]设计了一种合适的自适应反馈控制方案,研究带时延的一般化复杂动态网络的动力学行为。Li 等[36]采用混杂控制策略研究了分数阶复杂动态网络的牵制自适应和脉冲同步问题。Li 等[37]采用牵制和自适应控制策略混杂控制方案研究了带时变时延与混合时延的动态网络的混杂同步问题。混杂控制的思路得到大量关注与研究,形成了牵制-自适应型[38]、间歇-自适应型[39]、间歇-牵制型[40]等混杂控制策略。

在研究网络的同步问题时,常用的网络稳定性判别理论基础有 Lyapunov 函数稳定性判别法[41]、主稳定函数判别法[42]等。其中,Lyapunov 函数稳定性判别法的理论依据是 1892 年俄国著名数学家 Lyapunov 创立提出的系统稳定性分析理论。Lyapunov 函数稳定性判别法相对于已有的其他稳定性判别方法而言,具有更强的普适性,因其适用范围包括线性和非线性网络系统、时变和时不变网络系统。Lyapunov 提出的判别理论形成两种具体的稳定性判别方法,分别是李雅普诺夫第一方法(Lyapunov 间接方法)和第二方法(Lyapunov 直接方法)。第一种方法在一些网络系统(如非线性系统、时变系统)的稳定性分析中涉及烦琐的求解和大量的计算量导致一定程度的使用困难,而第二种方法实现了非线性系统的线性化从而获取用于稳定性判别的特征值分布。第二种方法避免了第一种方法的求解困难,在网络系统稳定性问题的研究中得到了广泛的使用。采用 Lyapunov 直接方法研究同步问题的一个重要步骤是探索如何构建适当的 Lyapunov 函数,这需要一定的技巧,不同系统的 Lyapunov 函数构建方法和难易程度不同,目前还没有函数构建的统一标准。

1.3.1 复杂动态网络的同步控制技术

针对复杂动态网络同步控制问题的研究,国内外涌现出了很多同步控制问题的相关成果。根据同步时间的判定、计算方法可大致将网络同步分类为渐近同步类型[43-45]、有限时间同步类型[46-49]和固定时间类型[50-52]。根据网络控制技术或同步误差的不同定义进行分类，大致可以分为指数同步型[53,54]、脉冲同步型[55,56]、投影同步型[57,58]、滞后同步型[59,60]、完全同步型[61,62]、广义同步型[63,64]等同步类型。国外学者在网络同步动力学行为研究上硕果累累[65-67]，国内学者在复杂动态网络同步控制问题的研究方面也同样取得了大量的成果[68-71]。

目前，对于复杂动态网络的同步研究主要集中在单边连接的网络模型基础上，而事实上不同网络形式的单边网络融合而成的复杂网络研究也很重要。例如，以人与人之间的通信网络进行分析，人们的通信途径可以有电话、E-mail、普通书信、面谈等。每种通信途径可看成一种网络形式的子网，不同的通信途径的成本、快捷程度或者可靠程度都有所不同，所以各个子网的网络连接边的权重各异。通过网络融合思想将这些子网络融合成人与人之间信息沟通的一个复杂通信网络，这样的网络称为多边复杂动态网络或多边复杂网络。日常生活中有比较多的网络类似多边复杂网络，如交通网络、物流网络等。通过以上多边复杂网络的说明可以理解到对多边复杂网络的研究很有必要，作为一种重要的集群动力学行为，同步行为是一个非常重要的研究点。对于多边网络模型的连边，沿用单边复杂网络模型中的单一边权来构建描述已经不太合适，因为每个子网的网络连边的性质各不相同。因此，后来多边复杂动态网络的同步动力学行为得到了大家的关注和研究[72,73]。Zhao 等[74]采用脉冲控制方法研究了非确定性多边复杂网络的指数同步和有限时间同步以及参数识别问题。Li 等[75]基于时延不同性质的网络拆分方法，构建了联合有向的多边复杂网络模型，进一步采用周期性间歇控制器研究模型的指数同步问题。Li 等[76]关注于非确定性多边复杂动态网络的牵制自适应同步问题和抗网络退化问题研究。Zhao 等[77]研究了带随机扰动的非确定性多边复杂动态网络的均方改进函数投影同步问题。

1.3.2　忆阻神经网络的同步问题研究方兴未艾

忆阻器是模拟生物突触特性的理想电子元器件，因此采用忆阻器替代人工神经网络中的电阻器形成忆阻神经网络模型。忆阻神经网络不仅能更贴近地描述神经系统的网络结构和工作机制，同时其潜在应用领域较广。同步行为作为一种重要的动力学行为，基于忆阻器的神经网络的同步问题得到了深入探索研究[78-82]。另外，传统的人工神经网络中的权重系数是固定不变的，但是忆阻神经网络模型的权重系数是基于网络状态的变化而改变的。因此，适用于复杂动态网络或神经网络的同步性、稳定性分析方法理论需要更新发展。为了更好地实现忆阻神经网络在工程、工业等行业领域的应用发展，对忆阻神经网络的同步动力学行为与控制策略问题的研究十分必要。

下面给出一个带控制器的忆阻神经网络模型用于分析[83]：

$$\dot{y}_i(t) = -d_i^*(y_i(t))y_i(t) + \sum_{j=1}^{n} a_{ij}^*(y_i(t))f_j(y_j(t)) +$$

$$\sum_{j=1}^{n} b_{ij}^*(y_i(t))g_j(y_j(t-\tau(t))) + I_i + u_i(t),$$

其中，$t \geq 0$，$i = 1, 2, \cdots, n$。$y_i(t)$ 用来表征神经元状态值。$a_{ij}^*(y_i(t))$，$b_{ij}^*(y_i(t))$ 和 $d_i^*(y_i(t))$ 表示连接权重系数，它们为二值分段函数，正好与忆阻器阻值可变性相关，具体取值与神经元状态紧密相关。$u_i(t)$ 是为实现忆阻神经网络同步而设计的适当控制器。忆阻神经网络常微分方程的解是在 Filippov 意义下的，对其同步控制研究中经常用到集值映射、微分包含和右端不连续微分方程等理论。

作为早期忆阻神经网络的研究工作，Hu、Wang 等[84]于 2010 年将忆阻器这一阻值可变的原型非线性电路元器件应用到忆阻神经网络中，采用微分包含理论研究了网络的全局稳定性问题。目前，忆阻神经网络的同步控制研究正处于热潮阶段：大量学者关注带时延条件下的忆阻神经网络的稳定性问题[85-87]，研究忆阻神经网络的有限时间同步控制问题[88-91]，探讨基于忆阻器的神经网络的指数同步控制问题的研究并得到了对应的控制条件[92-95]，以及考虑忆阻神经网络的反同步问题进而分析其控制策略难题[96-99]。但在经典的忆阻神经网络同步控制研究中，对神经元之间存在多类型连接这一复杂结构没有很好地关注，构建多边忆阻神经网络模型以及相关动力学行为研究有待进一步深入和探讨。

参考文献

[1] WATTS D J, STROGATZ S H. Collective dynamics of "small-world" networks[J]. Nature, 1998, 393(6684): 440-442.

[2] BARABASI A L, ALBERT R. Emergence of scaling in random networks[J]. Science, 1999, 286(10): 509-512.

[3] 汪小帆, 李翔, 陈关荣. 复杂网络理论及其应用[M]. 北京: 清华大学出版社, 2006.

[4] CHUA L O. Memristor-the missing circuit element[J]. IEEE Transactions on Circuit Theory, 1971, CT-18(5): 507-519.

[5] STRUKOV D B, SNIDER G S, STEWART G R, et al. The missing memristor found[J]. Nature, 2008, 453(7191): 80-83.

[6] YAO J, SUN Z, ZHONG L, et al. Resistive switches and memories from silicon oxid[J]. Nano Letters, 2010, 10(10): 4105-4110.

[7] 焦李成. 神经网络系统理论[M]. 西安: 西安电子科技大学出版社, 1996.

[8] 加卢什金. 神经网络理论[M]. 闫平凡, 译. 北京: 清华大学出版社, 2004.

[9] 姚新, 陈国良. 神经计算机[J]. 计算机工程应用, 1990(8): 44-59.

［10］ ANTHES G. Memristors：pass or fail?［J］. Communications of the ACM,2011,54(3)：22-24.

［11］ JIN X Z,YANG G H. Adaptive synchronization of a class of uncertain complex networks against network deterioration[J]. IEEE Transactions on Circuits & Systems I Regular Papers,2011,58 (6):1396-1409.

［12］ CAO J,LU J. Adaptive synchronization of neural networks with or without time-varying delay[J]. Chaos,2006,16(1):013133.

［13］ WANG L,SHEN Y,YIN Q,et al. Adaptive synchronization of memristor-based neural networks with time-varying delays[J]. IEEE Transactions on Neural Networks & Learning Systems,2015, 26(9):2033-2042.

［14］ BAO H,JU H P,CAO J D. Adaptive synchronization of fractional-order memristor-based neural networks with time delay[J]. Nonlinear Dynamics,2015,82(3):1343-1354.

［15］ SONG Y,SUN W. Adaptive synchronization of stochastic memristor-based neural networks with mixed delays[J]. Neural Processing Letters,2017,46(3):969-990.

［16］ WANG W,LI L,PENG H,et al. Synchronization control of memristor-based recurrent neural networks with perturbations[J]. Neural Networks,2014,53(5):8-14.

［17］ ZHANG C,DENG F,PENG Y,et al. Adaptive synchronization of Cohen-Grossberg neural network with mixed time-varying delays and stochastic perturbation ［J］. Applied Mathematics & Computation,2015,269(C):792-801.

［18］ WU A,ZENG Z,ZHU X,et al. Exponential synchronization of memristor-based recurrent neural networks with time delays[J]. Neurocomputing,2011,74(17):3043-3050.

［19］ QIU B,LI L,PENG H,et al. Fixed-time synchronization for hybrid coupled dynamical networks with multi-links and time-varying delays ［J］. Mathematical Problems in Engineering, 2017 (2017):1-14.

［20］ ABDURAHMAN A,JIANG H,TENG Z. Finite-time synchronization for memristor-based neural networks with time-varying delays[J]. Neural Networks,2015,69(3/4):20-28.

［21］ LIU M,JIANG H,HU C. Finite-time synchronization of memristor-based Cohen-Grossberg neural networks with time-varying delays[J]. Neurocomputing,2016,194(C):1-9.

［22］ HU C,YU J,JIANG H. Finite-time synchronization of delayed neural networks with Cohen-Grossberg type based on delayed feedback control[J]. Neurocomputing,2014,143(16):90-96.

［23］ VELMURUGAN G,RAKKIYAPPAN R. Hybrid projective synchronization of fractional-order memristor-based neural networks with time delays[J]. Nonlinear Dynamics,2015,11(3):1-14.

［24］ CAI S,HAO J,HE Q,et al. Exponential synchronization of complex delayed dynamical networks via pinning periodically intermittent control[J]. Physics Letters A,2011,375(19):1965-1971.

［25］ MEI J,JIANG M,WU Z,et al. Periodically intermittent controlling for finite-time synchronization of complex dynamical networks[J]. Nonlinear Dynamics,2015,79(1):295-305.

［26］ ZHANG G,SHEN Y. Exponential synchronization of delayed memristor-based chaotic neural networks via periodically intermittent control[J]. Neural Networks,2014,55(C):1-10.

［27］ LI L,TU Z,MEI J,et al. Finite-time synchronization of complex delayed networks via intermittent control with multiple switched periods[J]. Nonlinear Dynamics,2016,85(1):375-388.

[28] ZHENG M,LI L,PENG H,et al. Finite-time synchronization of complex dynamical networks with multi-links via intermittent controls[J]. European Physical Journal B,2016,89(2):1-12.

[29] CHANDRASEKAR A,RAKKIYAPPAN R. Impulsive controller design for exponential synchronization of delayed stochastic memristor-based recurrent neural networks[J]. Neurocomputing,2016,173 (P3):1348-1355.

[30] YANG X,CAO J,QIU J. Pth moment exponential stochastic synchronization of coupled memristor-based neural networks with mixed delays via delayed impulsive control[J]. Neural Networks, 2015,65(C):80-91.

[31] LI X,FANG J A,LI H. Master-slave exponential synchronization of delayed complex-valued memristor-based neural networks via impulsive control [J]. Neural Networks, 2017 (93): 165-175.

[32] WANG X,CHEN G. Pinning control of scale-free dynamical networks[J]. Phycica A,2002,310 (3/4):521-531.

[33] YANG Z,LUO B,LIU D,et al. Pinning synchronization of memristor-based neural networks with time-varying delays [J]. Neural Networks,2017(93):143-151.

[34] LIU X,YU X,XI H. Finite-time synchronization of neutral complex networks with Markovian switching based on pinning controller[J]. Neurocomputing,2015(153):148-158.

[35] JIN Z. Adaptive pinning synchronization of a general complex dynamical network[J]. IEEE Transactions on Circuits & Systems II Express Briefs,2008,55(2):183-187.

[36] LI H L,HU C,JIANG Y L,et al. Pinning adaptive and impulsive synchronization of fractional-order complex dynamical networks[J]. Chaos Solitons & Fractals,2016(92):142-149.

[37] LI B. Pinning adaptive hybrid synchronization of two general complex dynamical networks with mixed coupling[J]. Applied Mathematical Modelling,2016,40(4):2983-2998.

[38] AHMED M A A,LIU Y,ZHANG W,et al. Exponential synchronization via pinning adaptive control for complex networks of networks with time delays[J]. Neurocomputing,2017,225(C): 198-204.

[39] CAI Z W,HUANG J H,HUANG L H. Novel switching design for finite-time stabilization: applications to memristor-based neural networks with time-varying delay[J]. Chaos, 2017, 27 (2):023112.

[40] LIU X,CHEN T. Synchronization of complex networks via aperiodically intermittent pinning control[J]. IEEE Transactions on Automatic Control,2015,60(12):3316-3321.

[41] LI J,CHEN G. A time-varying complex dynamical network model and its controlled synchronization criteria[J]. IEEE Transactions on Automatic Control,2005(50):841-846.

[42] CHEN M. Synchronizaiton in time-varying networks:a matrix measure approach[J]. Physical Review E,2007,76(1):016104.

[43] CAO J,WANG J. Global asymptotic and robust stability of recurrent neural networks with time delays[J]. IEEE Transactions on Circuits & Systems I Regular Papers,2005,52(2):417-426.

[44] WANG W, LI L, PENG H, et al. Stochastic synchronization of complex network via a novel adaptive nonlinear controller[J]. Nonlinear Dynamics,2013,76(1):591-598.

[45] WANG Z,WANG Y,LIU Y. Global synchronization for discrete-time stochastic complex networks with randomly occurred nonlinearities and mixed time delays[J]. IEEE Transactions on Neural Networks,2009,21(1):11-25.

[46] SHEN J, CAO J. Finite-time synchronization of coupled neural networks via discontinuous controllers[J]. Cognitive Neurodynamics,2011,5(4):373-385.

[47] LI L,JIAN J. Finite-time synchronization of chaotic complex networks with stochastic disturbance [J]. Entropy,2014,17(1):39-51.

[48] YANG X, WU Z, CAO J. Finite-time synchronization of complex networks with nonidentical discontinuous nodes[J]. Nonlinear Dynamics,2013,73(4):2313-2327.

[49] QIN S, XUE X. Global exponential stability and global convergence in finite time of neural networks with discontinuous activations[J]. Neural Processing Letters,2009,29(3):189-204.

[50] HU C, YU J, CHEN Z, et al. Fixed-time stability of dynamical systems and fixed-time synchronization of coupled discontinuous neural networks[J]. Neural Networks,2017(89):74-83.

[51] KHANZADEH A,POURGHOLI M. Fixed-time sliding mode controller design for synchronization of complex dynamical networks[J]. Nonlinear Dynamics,2017,88(4):1-13.

[52] WAN Y,CAO J,WEN G,et al. Robust fixed-time synchronization of delayed Cohen-Grossberg neural networks[J]. Neural Networks,2016,73(C):86-94.

[53] AINSLEY C, FU L, INGRAM M, et al. Exponential synchronization of complex networks with Markovian jump and mixed delays[J]. Physics Letters A,2008,372(22):3986-3998.

[54] CAI S,HE Q,HAO J,et al. Exponential synchronization of complex networks with nonidentical time-delayed dynamical nodes[J]. Physics Letters A,2010,374(25):2539-2550.

[55] ZHENG S,DONG G,BI Q. Impulsive synchronization of complex networks with non-delayed and delayed coupling[J]. Physics Letters A,2009,373(46):4255-4259.

[56] JIANG H,BI Q. Impulsive synchronization of networked nonlinear dynamical systems[J]. Physics Letters A,2010,374(27):2723-2729.

[57] ZHENG S, BI Q, CAI G. Adaptive projective synchronization in complex networks with time-varying coupling delay[J]. Physics Letters A,2009,373(17):1553-1559.

[58] ZHENG S. Adaptive-impulsive projective synchronization of drive-response delayed complex dynamical networks with time-varying coupling[J]. Nonlinear Dynamics,2011(67):2621-2630.

[59] JING T,CHEN F,ZHANG X. Finite-time lag synchronization of time-varying delayed complex networks via periodically intermittent control and sliding mode control[J]. Neurocomputing, 2016,199(S1):178-184.

[60] ZHANG X, LÜ X, LI X. Sampled-data-based lag synchronization of chaotic delayed neural networks with impulsive control[J]. Nonlinear Dynamics,2017,90(3):2199-2207.

[61] HUA C C, WANG Q G, GUAN X. Global adaptive synchronization of complex networks with nonlinear delay coupling interconnections[J]. Physics Letters A,2007,368(3/4):281-288.

[62] YANG X, CAO J, LU J. Stochastic synchronization of complex networks with nonidentical nodes via hybrid adaptive and impulsive control[J]. IEEE Transactions on Circuits & Systems I Regular Papers,2012,59(2):371-384.

[63] SHANG Y, CHEN M, KURTHS J. Generalized synchronization of complex networks[J]. Physical Review E Statistical Nonlinear & Soft Matter Physics,2009,80(2):027201.

[64] WU X, LAI D, LU H. Generalized synchronization of the fractional-order chaos in weighted complex dynamical networks with nonidentical nodes[J]. Nonlinear Dynamics,2012,69(1/2): 667-683.

[65] MOBAYEN S, TCHIER F. Composite nonlinear feedback control technique for master/slave synchronization of nonlinear systems[J]. Nonlinear Dynamics,2017,87(3): 1731-1747.

[66] MOBAYEN S, MAJD V J. Robust tracking control method based on composite nonlinear feedback technique for linear systems with time-varying uncertain parameters and disturbances [J]. Nonlinear Dynamics,2012,70(1):171-180.

[67] ARENAS A, DÍAZ-GUILERA A, KURTHS J, et al. Synchronization in complex networks[J]. Physics Reports,2008,469(3):93-153.

[68] LIU X, CHEN T. Synchronization of linearly coupled networks with delays via aperiodically intermittent pinning control[J]. IEEE Transactions on Neural Networks & Learning Systems, 2015,26(1):113-126.

[69] WANG J L, WU H N, HUANG T, et al. Pinning control strategies for synchronization of linearly coupled neural networks with reaction-diffusion terms[J]. IEEE Transactions on Neural Networks & Learning Systems,2016,27(4):749-761.

[70] WANG W, LI L, PENG H, et al. Stochastic synchronization of complex networks via a novel adaptive composite nonlinear feedback controller [J]. Nonlinear Dynamics, 2015, 80 (1/2): 363-374.

[71] LU X B, QIN B Z. Synchronization in complex networks[J]. Physics Reports,2011,469(3): 93-153.

[72] ZHAO H, LI L, PENG H, et al. Fixed-time synchronization of multi-links complex network[J]. Modern Physics Letters B,2017,31(2): 1750008.

[73] WANG W, PENG H, LI L, et al. Finite-time function projective synchronization in complex multi-links networks with time-varying delay[J]. Neural Processing Letters,2015,41(1):71-88.

[74] ZHAO H, LI L, PENG H, et al. Impulsive control for synchronization and parameters identification of uncertain multi-links complex network[J]. Nonlinear Dynamics,2015,83(3):1-15.

[75] LI N, SUN H, JING X, et al. Exponential synchronisation of united complex dynamical networks with multi-links via adaptive periodically intermittent control [J]. Iet Control Theory & Applications,2013,7(13):1725-1736.

[76] LI L, LI W, KURTHS J, et al. Pinning adaptive synchronization of a class of uncertain complex dynamical networks with multi-link against network deterioration[J]. Chaos Solitons & Fractals, 2015(72):20-34.

［77］ ZHAO H, LI L, PENG H, et al. Mean square modified function projective synchronization of uncertain complex network with multi-links and stochastic perturbations［J］. European Physical Journal B,2015,88(2):1-8.

［78］ WEN S,ZENG Z,HUANG T. Dynamic behaviors of memristor-based delayed recurrent networks ［J］. Neural Computing & Applications,2013,23(3/4):815-821.

［79］ CHEN J,ZENG Z,JIANG P. Global Mittag-Leffler stability and synchronization of memristor-based fractional-order neural networks［J］. Neural Networks,2014,51(3):1-8.

［80］ ZHANG W,LI C,HUANG T,et al. Synchronization of memristor-based coupling recurrent neural networks with time-varying delays and impulses［J］. IEEE Transactions on Neural Networks & Learning Systems,2015,26(12): 26054076.

［81］ QIU B, LI L, PENG H, et al. Asymptotic and finite-time synchronization of memristor-based switching networks with multi-links and impulsive perturbation［J］. Neural Computing and Application,2019,31(8): 4031-4047.

［82］ JIANG M,WANG S,MEI J,et al. Finite-time synchronization control of a class of memristor-based recurrent neural networks［J］. Neural Networks,2015,63(1):133-140.

［83］ LI N,CAO J. Lag synchronization of memristor-based coupled neural networks via ω-measure ［J］. IEEE Transactions on Neural Networks & Learning Systems,2016,27(3):686-697.

［84］ HU J,WANG J. Global uniform asymptotic stability of memristor-based recurrent neural networks with time delays［C］//International Joint Conference on Neural Networks,2010:1-8.

［85］ MENG Z, XIANG Z. Stability analysis of stochastic memristor-based recurrent neural networks with mixed time-varying delays ［J］. Neural Computing & Applications, 2017, 28 (7): 1787-1799.

［86］ QI J,LI C,HUANG T. Stability of delayed memristive neural networks with time-varying impulses ［J］. Cognitive Neurodynamics,2014,8(5):429-436.

［87］ WEN S,ZENG Z,HUANG T. Exponential stability analysis of memristor-based recurrent neural networks with time-varying delays［J］. Neurocomputing,2012,97(1):233-240.

［88］ BAO H,JU H P. Finite-time synchronization of memristor-based neural networks［C］//Control and Decision Conference,2015:1732-1735.

［89］ VELMURUGAN G,RAKKIYAPPAN R,CAO J D. Finite-time synchronization of fractional-order memristor-based neural networks with time delays［J］. Neural Networks,2015,73(1/2):36-46.

［90］ CHEN C,LI L,PENG H,et al. Finite-time synchronization of memristor-based neural networks with mixed delays［J］. Neurocomputing,2017,235(C):83-89.

［91］ LIU M,JIANG H,HU C. Finite-time synchronization of memristor-based Cohen-Grossberg neural networks with time-varying delays［J］. Neurocomputing,2016,194(C):1-9.

［92］ YANG X, CAO J, YU W. Exponential synchronization of memristive Cohen-Grossberg neural networks with mixed delays［J］. Cognitive Neurodynamics,2014,8(3):239-249.

［93］ WEN S,BAO G,ZENG Z,et al. Global exponential synchronization of memristor-based recurrent neural networks with time-varying delays［J］. Neural Networks,2013,48(6):195-203.

[94] WEN S,ZENG Z,HUANG T. Exponential stability analysis of memristor-based recurrent neural networks with time-varying delays[J]. Neurocomputing,2012(97):233-240.

[95] GUO Z,WANG J,YAN Z. Global exponential synchronization of two memristor-based recurrent neural networks with time delays via static or dynamic coupling[J]. IEEE Transactions on Systems Man & Cybernetics Systems,2015,45(2):235-249.

[96] LI N,CAO J D,ZHOU M. Anti-synchronization control for memristor-based recurrent neural networks[C]//International Symposium on Neural Networks. Springer,Cham,2014:27-34.

[97] WU A,WEN S,ZENG Z. Anti-synchronization control of a class of memristive recurrent neural networks[J]. Communications in Nonlinear Science & Numerical Simulation,2013,18(2): 373-385.

[98] ZHANG G,SHEN Y,WANG L. Global anti-synchronization of a class of chaotic memristive neural networks with time-varying delays[J]. Neural Networks,2013,46(11):1-8.

[99] SONG Y,SUN W. Global anti-synchronization of memristor-based recurrent neural networks with time-varying delays and impulsive effects [C]//Sixth International Conference on Intelligent Control and Information Processing,2016:179-185.

第 2 章
多边复杂动态网络的有限时间
同步与固定时间同步控制研究

第 1 章描述了多边复杂动态网络的研究意义与现状,作为一类具有重要研究意义和在通信、系统控制等现实领域具有应用价值的多边网络,针对其同步控制问题的研究值得进一步展开与深入。在本章中,主要讲解多边时变时延复杂网络的有限时间同步控制问题和固定时间同步控制问题。

2.1 多边复杂动态网络的同步问题分析

同步现象无处不在地存在于现实的生活世界中。例如,礼堂中起初混杂无律的鼓掌声会逐渐趋于统一节律形成声势浩大的雷鸣掌声,同栖息于一树的萤火虫会出现同步发光或无光的现象。网络中路由信息发送出现同步现象易导致网络拥塞。由于同步现象如此多见且对生产生活可造成重大影响,所以耦合动力系统的同步动力学行为受到物理、数学、控制工程等多个领域的广泛关注研究。

人们的生活工作涉及各种复杂动态网络,如通信网络、Internet、交通网络、电力网络等。并且,这些动态网络中的同步现象非常常见。对于一些同步现象而言,可能促进系统工作或利于人们生活;但也不乏同步现象有害于人们生活生产、工程应用甚至造成重大损失、严重后果的情况。所以,对复杂动态网络同步动力学行为的研究具有重大意义和价值。到目前为止,基于复杂动态网络的同步控制问题吸引了很多研究人员的注意[1,2]。同时,形成了大量相关的研究成果。研究人员关于同步问题的研究主要集中在完全同步[3,4]、投影同步[5-7]、延迟同步[8-10]、有限时间同步[11-13]等。同步控制方法主要包括线性反馈方法[14,15]、非线性反馈方法[16]、自适应方法[17]等。而根据控制法则的连续性特征,同步控制技术可大致分为连续性同步控制技术和非连续性同步控制技术两大类[18-20]。与连续性控制法则进行对比不难发现,非连续性控制法则可以有效压缩一定的控制成本。

从实现同步目标所需时间的情况可将同步归类为有限时间同步和非有限时间同步(或渐近同步)两大类。Dorato 于 1961 年提出有限时间稳定这一概念[21],紧接着基于有限时间稳定的理论于 1972 年成功地在系统控制领域得到引入并在系统控制中进行深入交叉研究[22,23]。相较于渐近稳定和指数稳定,有限时间稳定具有相对更低的时间复杂度。因此,在现实世界里,在一个预设时间内实现同步稳定(即同步时间有上确界)的研究具有更大的实用价值。例如,在安全通信场景中,保证在一个已知时间区段内完成发送、接收信息操作不仅有利于确保通信的安全,也有益于提高通信效率和健壮性[24]。然而,在有限时间同步的"有限时间"的计算依赖于驱动系统和响应系统的初始同步误差值。正是这一初始同步误差值可能给有限时间同步控制的应用推广带来很大的麻烦。因为对于驱动-响应系统的初值未知(或者当实际应用系统的状态初值是很难获取到的情况)时,"有限时间"是没法精确计算获知的,也就是非固定的了。针对这一同步时间难定而限制推广应用的问题,Polyakov 定义提出了固定时间稳定性理论。采用适当控制策略在固定时间内实现系统稳定的同步即成为固定同步。固定时间同步类型的同步所需时间是不依赖于驱动系统与响应系统之间的初始同步误差条件的,只受为实现同步目标而设计的控制器的影响和控制[25]。因此,固定时间同步所需时间非常便于精确计算和控制,因为"固定时间"可以通过系统控制器的设计来影响调节以便于满足相应的应用需求。

另外,为了增加研究工作的潜在应用价值,也为了更好地贴近模拟描述现实中系统的真实工作环境,本章研究的混杂耦合动态网络包含耦合时延和内部时延。在以往的研究工作中,带耦合时延项被定义成形如 $D\big(x_j(t-\tau(t))-x_i(t-\tau(t))\big)$ 的数学形式[26-28]。事实上,对于同步研究中给定的一对驱动系统和响应系统,节点之间信息传递产生时延影响的应该是从相连网络节点到当前正关注节点的信息传递相关变量。根据这一思路,带耦合时延项应该定义成形如 $D\big(x_j(t-\tau(t))-x_i(t)\big)$ 的形式显得更加合理[29]。

网络多重边的概念说明复杂网络中的节点之间连边数量为两条及更多条。网络节点之间存在多条连边的情况在现实世界中比较常见,如通信网络、交通网络等。对于通信网络的多重边可分别映射 E-mail、电话、书信等不同属性的沟通方式[30,31];交通网络的多重边可以分别公路、铁路、船运、空运等不同属性的交通方式。可知,与单边网络研究相比,多边复杂动态网络具备更强的实用性和现实性[32-35]。所以,时至今日,在多边复杂动态网络领域的研究已经取得了大量的成果。然而,现在关注同时带单时变时延和多边混合耦合复杂动态网络的学者较少。基于该条件下多边复杂网络的固定时间同步和有限时间同步问题的研究也很少,所以本章基于此想法对该领域的动力学行为进行深入的分析和研究。

　　基于以上各方面的分析,本章针对带多重边和单传递时变时延的混合耦合复杂动态网络研究其固定时间同步问题和有限时间同步问题,提出带单传递耦合时延项的多边混合耦合动态网络以及设计两个用于保障同步目标实现的适当反馈控制器;利用构建的 Lyapunov 函数,经过推导得到一些实现该复杂网络固定时间/有限时间同步的新颖准则;最后通过两个数值仿真实验对得到结论的有效性和正确性进行验证。

2.2　知识储备与模型描述

　　本章针对带多重边和单传递时变时延的混合耦合复杂动态网络,兼顾考虑信息传递时延的真实场景以及网络连边不同属性同时存在的网络类型,希望更贴近真实环境研究网络动力学行为。下面给出研究中需要使用的相关预备知识与网络模型描述。

2.2.1　网络模型描述

　　考虑如下具体的混合耦合复杂动态网络数学模型:

$$\dot{x}_i(t) = f(x_i(t)) + g(x_i(t - \tau(t))) + \sum_{j=1,j\neq i}^{N} G_{ij}^0 D(x_j(t) - x_i(t)) +$$

$$\sum_{j=1,j\neq i}^{N} G_{ij}^1 D_{\tau_1}(x_j(t - \tau_1(t)) - x_i(t)) + \cdots +$$

$$\sum_{j=1,j\neq i}^{N} G_{ij}^m D_{\tau_m}(x_j(t - \tau_m(t)) - x_i(t)), \tag{2-1}$$

其中,$i = 1,2,\cdots,N$ 描述的是网络节点数,$x_i(t) = (x_{i1}(t),x_{i2}(t),\cdots,x_{in}(t))^T \in \mathbf{R}^n$ 描述的是第 i 网络节点的 n 维状态向量;向量函数 $f,g:\mathbf{R}^n \to \mathbf{R}^n$ 是连续可微的函数;$\tau(t)$ 用于描述内部耦合时延,且 $\tau(t) \leqslant \tau,\tau$ 是一个取正值的常数;$\tau_k(t),k = 1,2,3,\cdots,m$ 用于描述第 k 重子网与当前节点对应的时延,且 $0 \leqslant \tau_k(t) \leqslant \tau$;$D = (D_{ij})_{n\times n}$ 描述的是第 0 重子网的节点 i 和节点 j 在 t 时刻的内部耦合矩阵;相应地,$D_{\tau_k}(k = 1,2,3,\cdots,m)$ 用于描述第 k 重子网的节点 i 和节点 j 在 $t - \tau_k(t)$ 时刻的内部耦合矩阵;$G^k = (G_{ij}^k)_{n\times n}(k = 0,1,2,\cdots,m)$ 是第 k 重子网结构矩阵,且满足以下条件:

$$G_{ii}^k = -\sum_{j=1,j\neq i}^{N} G_{ij}^k, G_{ij}^k = G_{ji}^k \geqslant 0, i \neq j, \tag{2-2}$$

其中,$k = 0,1,2,\cdots,m,G_{ij}^k > 0$ 即意味第 k 重子网的节点 i 和节点 j 之间存在连接

边;否则 $G_{ij}^k = 0$。

注释2.1 本章提出带混合耦合项和时变时延的多边复杂动态网络模型。通过引入内部耦合矩阵 D 和 D_{τ_k},研究混合耦合项和单传递时变时延的多边网络系统的固定时间/有限时间同步问题具有更强的实际意义。

考虑采用网络模型(2-1)作为驱动系统,则对应的响应系统数学模型描述如下:

$$
\begin{aligned}
\dot{y}_i(t) = & f(y_i(t)) + g(y_i(t - \tau(t))) + \sum_{j=1,j\neq i}^{N} G_{ij}^0 D(y_j(t) - y_i(t)) + \\
& \sum_{j=1,j\neq i}^{N} G_{ij}^1 D_{\tau_1}(y_j(t - \tau_1(t)) - y_i(t)) + \cdots + \\
& \sum_{j=1,j\neq i}^{N} G_{ij}^m D_{\tau_m}(y_j(t - \tau_m(t)) - y_i(t)) + u_i(t),
\end{aligned}
\tag{2-3}
$$

其中,$y_i(t) = (y_{i1}(t), y_{i2}(t), \cdots, y_{in}(t))^{\mathrm{T}} \in \mathbf{R}^n$ 是响应系统的第 i 个节点的状态向量;$u_i(t)(i = 1, 2, \cdots, N)$ 是为实现对应同步目标而设计的控制器项。

假设 $C([-\tau, 0], \mathbf{R}^n)$ 是 Banach 空间,由映射区间 $[-\tau, 0]$ 到 $\mathbf{R}^n$ 的连续函数构成且范数 $\| \varphi \| = \sup\limits_{-\tau \leqslant \theta \leqslant 0} \| \varphi(\theta) \|$。对于驱动系统(2-1)和响应系统(2-3),它们的初始条件分别给定为 $x_i(t) = \varphi_i(t) \in C([-\tau, 0], \mathbf{R}^n)$ 和 $y_i(t) = \varphi_i(t) \in C([-\tau, 0], \mathbf{R}^n)$。假定,基于以上给定的初始条件,驱动系统方程(2-1)和响应系统方程(2-3)存在唯一解。

为了便于使用网络模型方程,这里将综合考虑条件(2-2)重写驱动系统(2-1)和响应系统(2-3)的模型形式。驱动系统和响应系统重写后的模型描述形式如下:

$$
\begin{aligned}
\dot{x}_i(t) = & f(x_i(t)) + g(x_i(t - \tau(t))) + \sum_{j=1}^{N} G_{ij}^0 D x_j(t) + \\
& \sum_{j=1}^{N} G_{ij}^1 D_{\tau_1} x_j(t - \tau_1(t)) + \cdots + \sum_{j=1}^{N} G_{ij}^m D_{\tau_m} x_j(t - \tau_m(t)) - \\
& G_{ii}^1 D_{\tau_1}(x_i(t - \tau_1(t)) - x_i(t)) - \cdots - G_{ii}^m D_{\tau_m}(x_i(t - \tau_m(t)) - x_i(t)),
\end{aligned}
\tag{2-4}
$$

$$
\begin{aligned}
\dot{y}_i(t) = & f(y_i(t)) + g(y_i(t - \tau(t))) + \sum_{j=1}^{N} G_{ij}^0 D y_j(t) + \\
& \sum_{j=1}^{N} G_{ij}^1 D_{\tau_1} y_j(t - \tau_1(t)) + \cdots + \sum_{j=1}^{N} G_{ij}^m D_{\tau_m} y_j(t - \tau_m(t)) - \\
& G_{ii}^1 D_{\tau_1}(y_i(t - \tau_1(t)) - y_i(t)) - \cdots - \\
& G_{ii}^m D_{\tau_m}(y_i(t - \tau_m(t)) - y_i(t)) + u_i(t)。
\end{aligned}
\tag{2-5}
$$

使用的同步误差定义为 $e_i(t) = y_i(t) - x_i(t)$,$i = 1, 2, \cdots, N$,则可以得到以下等式:

$$\dot{e}_i(t) = \dot{y}_i(t) - \dot{x}_i(t)$$

$$= f(y_i(t)) - f(x_i(t)) + g(y_i(t - \tau(t))) - g(x_i(t - \tau(t))) +$$

$$\sum_{j=1}^{N} G_{ij}^0 D e_j(t) + \sum_{j=1}^{N} G_{ij}^1 D_{\tau_1} e_j(t - \tau_1(t)) + \cdots +$$

$$\sum_{j=1}^{N} G_{ij}^m D_{\tau_m} e_j(t - \tau_m(t)) - G_{ii}^1 D_{\tau_1}(e_i(t - \tau_1(t)) - e_i(t)) - \cdots -$$

$$G_{ii}^m D_{\tau_m}(e_i(t - \tau_m(t)) - e_i(t)) + u_i(t)_\circ \tag{2-6}$$

2.2.2　基础知识描述

在研究当前网络模型有限时间同步和固定时间同步的工作前,本小节预备给定一些必需的基础知识。本章假定函数 $f(\cdot)$ 和 $g(\cdot)$ 满足 Lipschitz 条件,具体为以下假设[36]。

假设 2.1　对于任意变量 $x,y \in \mathbf{R}^n$,都存在一个常数 $p(p \geqslant 0)$ 使得

$$\| f(x) - f(y) \| \leqslant p \| x - y \| \tag{2-7}$$

成立。

假设 2.2　对于任意变量 $x,y \in \mathbf{R}^n$,都存在一个常数 $q(q \geqslant 0)$ 使得

$$\| g(x) - g(y) \| \leqslant q \| x - y \| \tag{2-8}$$

成立。

为了证明本章理论结论还需要以下一些引理辅助:

引理 2.1　[37] 对于任意满足 $x_1, x_2, x_3, \cdots, x_N \geqslant 0, p > 1, 0 < q \leqslant 1$,以下两个不等式均成立:

$$\sum_{i=1}^{N} x_i^p \geqslant N^{1-p} \left(\sum_{i=1}^{N} x_i \right) p,$$

$$\sum_{i=1}^{N} x_i^q \geqslant \left(\sum_{i=1}^{N} x_i \right) q_\circ \tag{2-9}$$

引理 2.2　[38] (链式法则)。若 $V(t):\mathbf{R}^n \to \mathbf{R}$ 且 $x(t)$ 满足以下各条件:

(1) $V(t)$ 是 C 规范的;

(2) $x(t)$ 在 $[0, +\infty)$ 的任意紧致子区间上都是绝对连续的,则可得到以下结论:

对于 a.e. $t \in [0, +\infty), x(t)$ 和 $V(x(t)):[0, +\infty) \to \mathbf{R}$ 均为可微的;

$$V(x(t)) = v(t)\dot{x}(t), \forall v(t) \in \partial V(x(t)), \tag{2-10}$$

其中, $\partial V(x(t))$ 是 V 在点 $x(t)$ 的 Clarke 广义梯度。

引理 2.3　[39] 令函数 $V(t)$ 是连续的且正定的,同时, $V(t)$ 满足以下微分不等式:

$$\dot{V}(t) \leqslant -\kappa V^\eta(t); \forall t \geqslant t_0, V(t_0) \geqslant 0, \tag{2-11}$$

其中,$\eta \in (0,1)$且κ是一个正常数。则对于$\forall t_0$,$V(t)$能够保证满足以下不等式:

$$V^{1-\eta}(t) \leqslant V^{1-\eta}(t_0) - \kappa(1-\eta)(t-t_0), t_0 \leqslant t \leqslant t_1。 \qquad (2-12)$$

另外,$V(t) \equiv 0, \forall t \geqslant t_1$。

调节时间t_1可通过以下公式计算得到:

$$t_1 = t_0 + \frac{V^{1-\eta}(t_0)}{\kappa(1-\eta)} \qquad (2-13)$$

引理 2.4 [40]令函数$V(t)$是连续的且正定的,同时,$V(t)$满足以下微分不等式:

$$\dot{V}(t) \leqslant IV(t) - \kappa V^{\eta}(t), \forall t \geqslant t_0, V^{1-\eta}(t_0) \leqslant \frac{\kappa}{I}, \qquad (2-14)$$

其中,$\eta \in (0,1)$且κ和I是正常数。则$V(t) \equiv 0, \forall t \geqslant t_1$,调节时间$t_1$可通过以下公式计算得到:

$$t_1 = t_0 + \frac{\ln\left(1 - \frac{I}{\kappa}V^{1-\eta}(t_0)\right)}{I(\eta-1)}。 \qquad (2-15)$$

引理 2.5 [25]假设存在这样一个函数$V: \mathbf{R}^{nN} \rightarrow \mathbf{R}_+ \cup 0$,是连续完全无界的,并使得以下结论成立:

(1)若$x \neq (0, \cdots, 0)^{\mathrm{T}}$,则$V(x) > 0$;$V(x) = 0 \Rightarrow x = (0, \cdots, 0)^{\mathrm{T}}$。

(2)令$e(t) = (e_1^{\mathrm{T}}(t), \cdots, e_N^{\mathrm{T}}(t))^{\mathrm{T}}$是误差动态系统的任意解。对于常数$a, b > 0$,$p > 1, 0 < q < 1$,$e(t)$满足$\dot{V}(e(t)) \leqslant -aV^p(e(t)) - bV^q(e(t))$。

则以下结论成立:

$$V(e(t)) \equiv 0, \forall t \geqslant t_0,$$
$$T_0 = \frac{1}{a(p-1)} + \frac{1}{b(1-q)}, \qquad (2-16)$$

其中,T_0表示固定解决时间(The Fixed Settling Time)。

2.3 多边复杂动态网络的有限时间同步控制

本小节将对带混合耦合项和单传递时变时延的多边复杂动态网络的有限时间同步控制问题进行研究。通过构造合适的 Lyapunov 函数和设计适当的控制器,结合 2.2.2 节给出的假设和引理推导得到一些用于控制驱动系统(2-1)和响应系统(2-3)实现有限时间同步的准则。

定义 2.1 (有限时间稳定)通过设计好的控制器控制,总是存在一个正常

数 t_1，且 t_1 取值依赖于 $e_i(t)$ 的初始状态向量值 $e_i(t) = \Phi_i(t) \in C([-\tau, 0], \mathbf{R}^n)$，$t \in [-\tau, 0]$。若以下表达式成立：

$$\lim_{t \to t_1} e_i(t) = (0, 0, \cdots, 0)^{\mathrm{T}},$$
$$e_i(t) = (0, 0, \cdots, 0)^{\mathrm{T}}, t > t_1, i = 1, 2, \cdots, N_\circ \tag{2-17}$$

则误差动态系统(2-6)称为是有限时间稳定的，并且误差动态系统的这一状态称为有限时间稳定态。t_1 称为稳定时间。

为了获得驱动系统(2-1)和响应系统(2-3)的有限时间同步目标，设计以下控制器作为响应系统(2-3)的控制法则。具体控制规则如下：

$$u_i(t) = -\sqrt{n} \cdot \mathrm{sign}(e_i(t)) \Big[p_i \| e_i(t) \|_1 + q_i \| e_i(t - \tau(t)) \|_1 +$$
$$\sum_{k=1}^{m} \xi_i^k \| e_i(t - \tau_k(t)) \|_1 + \frac{k_0}{n^{(\eta/2)}} \| e_i(t) \|_1^{\eta} \Big] \tag{2-18}$$

其中，$\kappa_0 > 0, 0 < \eta < 1, k = 1, 2, \cdots, m$；参数 p_i, q_i, ξ_i^k 将在后面的过程中确定和给出。

下节的定理是驱动系统(2-1)和响应系统(2-3)在给出的控制器(2-18)控制下推导得到。

2.3.1　驱动系统与响应系统的有限时间同步研究

定理 2.1　令假设 2.1 和假设 2.2 均成立。如果存在正参数 p_i, q_i, ξ_i^k 使得以下不等式成立：

$$p_i \geqslant \alpha + 2 |G_{ii}^0| \|D\| + \sum_{k'=1}^{m} |G_{ii}^{k'}| \|D_{\tau_{k'}}\|,$$
$$q_i \geqslant \beta,$$
$$\xi_i^k \geqslant 3 |G_{ii}^k| \|D_{\tau_k}\|, k = 1, 2, \cdots, m_\circ \tag{2-19}$$

则驱动系统(2-1)和响应系统(2-3)可以在有限时间内实现同步。并且稳定时间 t_1 可以通过以下计算公式得到：

$$t_1 = t_0 + \frac{V^{1-\eta}(t_0)}{k_0(1-\eta)} \tag{2-20}$$

其中，$V(t_0) = \sum_{i=1}^{N} \dfrac{\| e_i(t_0) \|_1}{\sqrt{n}}$。

证明：Lyapunov 函数构建为

$$V(t, e(t)) = \sum_{i=1}^{N} \frac{\| e_i(t) \|_1}{\sqrt{n}} = \sum_{i=1}^{N} \frac{\mathrm{sign}^{\mathrm{T}}(e_i(t)) e_i(t)}{\sqrt{n}}_\circ \tag{2-21}$$

根据引理 2.2 以及误差系统，逐步计算 $V(t)$ 的导数可得到以下结果：

$$\dot{V}(t) = \sum_{i=1}^{N} \frac{\mathrm{sign}^{\mathrm{T}}(e_i(t)) \dot{e}_i(t)}{\sqrt{n}}$$

$$= \sum_{i=1}^{N} \frac{\mathrm{sign}^{\mathrm{T}}(e_i(t))}{\sqrt{n}} \Big[f(y_i(t)) - f(x_i(t)) + g(y_i(t-\tau(t))) -$$

$$g(x_i(t-\tau(t))) + \sum_{j=1}^{N} G_{ij}^0 D e_j(t) + \sum_{j=1}^{N} G_{ij}^1 D_{\tau_1} e_j(t-\tau_1(t)) + \cdots +$$

$$\sum_{j=1}^{N} G_{ij}^m D_{\tau_m} e_j(t-\tau_m(t)) - G_{ii}^1 D_{\tau_1}(e_i(t-\tau_1(t)) - e_i(t)) - \cdots -$$

$$G_{ii}^m D_{\tau_m}(e_i(t-\tau_m(t)) - e_i(t)) + u_i(t) \Big]$$

$$\leqslant \sum_{i=1}^{N} \frac{1}{\sqrt{n}} \Big[\|\mathrm{sign}^{\mathrm{T}}(e_i(t))\| \|f(y_i(t)) - f(x_i(t))\| +$$

$$\|\mathrm{sign}^{\mathrm{T}}(e_i(t))\| \|g(y_i(t-\tau(t))) - g(x_i(t-\tau(t)))\| +$$

$$\|\mathrm{sign}^{\mathrm{T}}(e_i(t))\| \sum_{j=1}^{N} |G_{ij}^0| \|D\| \|e_j(t)\| + \|\mathrm{sign}^{\mathrm{T}}(e_i(t))\|$$

$$\sum_{j=1}^{N} |G_{ij}^1| \|D_{\tau_1}\| \|e_j(t-\tau_1(t))\| + \cdots + \|\mathrm{sign}^{\mathrm{T}}(e_i(t))\|$$

$$\sum_{j=1}^{N} |G_{ij}^m| \|D_{\tau_m}\| \|e_j(t-\tau_m(t))\| + \|\mathrm{sign}^{\mathrm{T}}(e_i(t))\| |G_{ii}^1| \|D_{\tau_1}\|$$

$$(\|e_i(t-\tau_1(t))\| + \|e_i(t)\|) + \cdots + \|\mathrm{sign}^{\mathrm{T}}(e_i(t))\|$$

$$|G_{ii}^m| \|D_{\tau_m}\| (\|e_i(t-\tau_m(t))\| + \|e_i(t)\|) + \mathrm{sign}^{\mathrm{T}}(e_i(t)) u_i(t) \Big]$$

$$\leqslant \sum_{i=1}^{N} \alpha \|e_i(t)\| + \sum_{i=1}^{N} \beta \|e_i(t-\tau(t))\| + \sum_{i=1}^{N} \sum_{j=1}^{N} |G_{ij}^0| \|D\| \|e_j(t)\| +$$

$$\sum_{i=1}^{N} \sum_{j=1}^{N} |G_{ij}^1| \|D_{\tau_1}\| \|e_j(t-\tau_1(t))\| + \cdots + \sum_{i=1}^{N} \sum_{j=1}^{N} |G_{ij}^m| \|D_{\tau_m}\|$$

$$\|e_j(t-\tau_m(t))\| + \sum_{i=1}^{N} |G_{ii}^1| \|D_{\tau_1}\| (\|e_i(t-\tau_1(t))\| +$$

$$\|e_i(t)\|) + \cdots + \sum_{i=1}^{N} |G_{ii}^m| \|D_{\tau_m}\| (\|e_i(t-\tau_m(t))\| +$$

$$\|e_i(t)\|) + \sum_{i=1}^{N} \frac{\mathrm{sign}^{\mathrm{T}}(e_i(t))}{\sqrt{n}} u_i(t)$$

$$= \sum_{i=1}^{N} \alpha \|e_i(t)\| + \sum_{i=1}^{N} \beta \|e_i(t-\tau(t))\| + \sum_{i=1}^{N} 2|G_{ii}^0| \|D\| \|e_i(t)\| +$$

$$\sum_{i=1}^{N} 2|G_{ii}^1| \|D_{\tau_1}\| \|e_i(t-\tau_1(t))\| + \cdots + \sum_{i=1}^{N} 2|G_{ii}^m| \|D_{\tau_m}\|$$

$$\|e_i(t-\tau_m(t))\| + \sum_{i=1}^{N} |G_{ii}^1| \|D_{\tau_1}\| \|e_i(t-\tau_1(t))\| +$$

$$\sum_{i=1}^{N} |G_{ii}^1| \, \|D_{\tau_1}\| \, \|e_i(t)\| + \cdots + \sum_{i=1}^{N} |G_{ii}^m| \, \|D_{\tau_m}\| \, \|e_i(t - \tau_m(t))\| +$$

$$\sum_{i=1}^{N} |G_{ii}^m| \, \|D_{\tau_m}\| \, \|e_i(t)\| + \sum_{i=1}^{N} \frac{\mathrm{sign}^{\mathrm{T}}(e_i(t))}{\sqrt{n}} u_i(t)$$

$$= \sum_{i=1}^{N} (\alpha + 2|G_{ii}^0| \, \|D\| + \sum_{k'=1}^{m} |G_{ii}^{k'}| \, \|D_{\tau_{k'}}\|) \|e_i(t)\| +$$

$$\sum_{i=1}^{N} \beta \|e_i(t - \tau(t))\| + \sum_{i=1}^{N} \sum_{k=1}^{m} 3|G_{ii}^k| \, \|D_{\tau_k}\| \, \|e_i(t - \tau_k(t))\| +$$

$$\sum_{i=1}^{N} \frac{\mathrm{sign}^{\mathrm{T}}(e_i(t))}{\sqrt{n}} u_i(t)$$

$$\leqslant \sum_{i=1}^{N} (\alpha + 2|G_{ii}^0| \, \|D\| + \sum_{k'=1}^{m} |G_{ii}^{k'}| \, \|D_{\tau_{k'}}\|) \|e_i(t)\|_1 +$$

$$\sum_{i=1}^{N} \beta \|e_i(t - \tau(t))\|_1 + \sum_{i=1}^{N} \sum_{k=1}^{m} 3|G_{ii}^k| \, \|D_{\tau_k}\| \, \|e_i(t - \tau_k(t))\|_1 +$$

$$\sum_{i=1}^{N} \frac{\mathrm{sign}^{\mathrm{T}}(e_i(t))}{\sqrt{n}} u_i(t) \, 。 \tag{2-22}$$

由于计算结果(2-22)中包含较多的项,不方便同时处理,所以单独先处理其中的项 $\sum_{i=1}^{N} \frac{\mathrm{sign}^{\mathrm{T}}(e_i(t))}{\sqrt{n}} u_i(t)$,然后再将该项的计算结果整合到式(2-22)中。因此

$$\sum_{i=1}^{N} \frac{\mathrm{sign}^{\mathrm{T}}(e_i(t))}{\sqrt{n}} u_i(t) = \sum_{i=1}^{N} \frac{\mathrm{sign}^{\mathrm{T}}(e_i(t))}{\sqrt{n}} \Big\{ -\sqrt{n} \cdot \mathrm{sign}(e_i(t)) [p_i \|e_i(t)\|_1 +$$

$$q_i \|e_i(t - \tau(t))\|_1 + \sum_{k=1}^{m} \xi_i^k \|e_i(t - \tau_k(t))\|_1 +$$

$$\frac{k_0}{n^{(\eta/2)}} \|e_i(t)\|_1^{\eta}] \Big\}$$

$$\leqslant - \Big[\sum_{i=1}^{N} p_i \|e_i(t)\|_1 + \sum_{i=1}^{N} q_i \|e_i(t - \tau(t))\|_1 +$$

$$\sum_{i=1}^{N} \sum_{k=1}^{m} \xi_i^k \|e_i(t - \tau_k(t))\|_1 + \sum_{i=1}^{N} \frac{k_0}{n^{(\eta/2)}} \|e_i(t)\|_1^{\eta} \Big] \, 。 \tag{2-23}$$

然后将式(2-23)代入式(2-22)中,可以得到以下结果:

$$\dot{V}(t) \leqslant \sum_{i=1}^{N} (\alpha + 2|G_{ii}^0| \, \|D\| + \sum_{k'=1}^{m} |G_{ii}^{k'}| \, \|D_{\tau_{k'}}\| - p_i) \|e_i(t)\|_1 +$$

$$\sum_{i=1}^{N} (\beta - q_i) \|e_i(t - \tau(t))\|_1 + \sum_{i=1}^{N} \sum_{k=1}^{m} (3|G_{ii}^k| \, \|D_{\tau_k}\| - \xi_i^k) \|$$

$$\left. e_i(t - \tau_k(t)) \right\|_1 - \sum_{i=1}^{N} \frac{k_0}{n^{(\eta/2)}} \|e_i(t)\|_1^\eta \leqslant - \sum_{i=1}^{N} \frac{k_0}{n^{(\eta/2)}} \|e_i(t)\|_1^\eta$$

$$\leqslant - k_0 \left(\sum_{i=1}^{N} \frac{\|e_i(t)\|_1}{\sqrt{n}} \right) \eta = - k_0 V^\eta(t)_\circ \qquad (2\text{-}24)$$

根据引理 2.3，误差动态系统(2-6)即可在有限时间内实现稳定，并且稳定时间 t_1 可以通过以下计算公式确定：

$$t_1 = t_0 + \frac{V^{1-\eta}(t_0)}{k_0(1-\eta)} \qquad (2\text{-}25)$$

证毕。

根据引理 2.4，可以通过推导得到以下推论。

推论 2.1 令假设 2.1 和假设 2.2 成立。设计以下控制器：

$$u_i(t) = - \sqrt{n} \cdot \text{sign}(e_i(t))(p_i \|e_i(t)\|_1 + q_i \|e_i(t-\tau(t))\|_1 +$$

$$\sum_{k=1}^{m} \xi_i^k \|e_i(t-\tau_k(t))\|_1 + \frac{k_0}{n^{(\eta/2)}} \|e_i(t)\|_1^\eta), \qquad (2\text{-}26)$$

其中，$\kappa_0 > 0, 0 < \eta < 1$。并且，令参数 p_i, q_i, ξ_i^k 满足以下对应不等式：

$$p_i < \alpha + 2 \mid G_{ii}^0 \mid \|D\| + \sum_{k'=1}^{m} \mid G_{ii}^{k'} \mid \|D_{\tau_{k'}}\|,$$

$$q_i \geqslant \beta,$$

$$\xi_i^k \geqslant 3 \mid G_{ii}^k \mid \|D_{\tau_k}\|, k = 1, 2, \cdots, m,$$

其中，$p_i > 0, q_i > 0$ 且 $\xi_i^k > 0$，此外，

$$V^{1-\eta} \leqslant k_0 / \left[\sqrt{n} (\alpha + 2 \mid G_{ii}^0 \mid \|D\| + \sum_{k'=1}^{m} \mid G_{ii}^{k'} \mid \|D_{\tau_{k'}}\| - p_i) \right]_\circ$$

则可确定驱动系统(2-1)和响应系统(2-3)能够在有限时间内实现同步。

注释 2.2 定理 2.1 和推论 2.1 中结合设计的控制器，针对驱动系统(2-1)和响应系统(2-3)得到了一些多边耦合复杂动态网络有限时间同步的充分条件。$p_i > 0, q_i > 0, \xi_i^k > 0$ 对于驱动-响应系统的同步至关重要。相比于以前的一些网络模型，本章的网络模型更加一般化。

2.3.2 多边复杂动态网络与孤立点之间的有限时间同步研究

设想现在需要一个多边耦合复杂动态网络在有限时间内同步到一个孤立点。本小节将研究这一需求场景下的有限时间同步控制问题。构建如下复杂多边网络模型：

$$\dot{x}_i(t) = f(x_i(t)) + g(x_i(t - \tau(t))) + \sum_{j=1}^{N} G_{ij}^0 D x_j(t) +$$
$$\sum_{j=1}^{N} G_{ij}^1 D_{\tau_1} x_j(t - \tau_1(t)) + \cdots + \sum_{j=1}^{N} G_{ij}^m D_{\tau_m} x_j(t - \tau_m(t)) -$$
$$G_{ii}^1 D_{\tau_1}(x_i(t - \tau_1(t)) - x_i(t)) - \cdots - G_{ii}^m D_{\tau_m}(x_i(t - \tau_m(t)) -$$
$$x_i(t)) + u_i(t), \tag{2-27}$$

其中，$i = 1, 2, \cdots, N$。

当有限时间同步状态实现，即 $x_1(t) = x_2(t) = \cdots = x_N(t)$，则同步稳态模型可描述如下：

$$\dot{s}(t) = f(s(t)) + g(s(t - \tau(t))) - G_{ii}^1 D_{\tau_1}(s(t - \tau_1(t)) - s(t)) - \cdots -$$
$$G_{ii}^m D_{\tau_m}(s(t - \tau_m(t)) - s(t)), \tag{2-28}$$

其中，$i = 1, 2, \cdots, N$。为完成有限时间同步推导，给出以下假设：

假设 2.3 假设多边复杂动态网络的结构配置矩阵 $G^k(k = 1, 2, \cdots, m)$，$G_{ii}^k = G_{jj}^k = -a_k, k = 0, 1, 2, \cdots, m, i = 1, 2, \cdots, N, j = 1, 2, \cdots, N$；并且，所有的 $a_1, a_2, \cdots, a_m$ 均为正常数。

采用 $\omega_i(t)$ 来描述同步误差，即 $\omega_i(t) = x_i(t) - s(t), i = 1, 2, \cdots, N$。结合给定的条件 (2-2)，$\omega_i(t)$ 的微分方程可描述如下：

$$\dot{\omega}_i(t) = \dot{x}_i(t) - \dot{s}(t)$$
$$= f(x_i(t)) - f(s(t)) + g(x_i(t - \tau(t))) - g(s(t - \tau(t))) +$$
$$\sum_{j=1}^{N} G_{ij}^0 D \omega_j(t) + \sum_{j=1}^{N} G_{ij}^1 D_{\tau_1} \omega_j(t - \tau_1(t)) + \cdots +$$
$$\sum_{j=1}^{N} G_{ij}^m D_{\tau_m} \omega_j(t - \tau_m(t)) - G_{ii}^1 D_{\tau_1}(\omega_i(t - \tau_1(t)) - \omega_i(t)) - \cdots -$$
$$G_{ii}^m D_{\tau_m}(\omega_i(t - \tau_m(t)) - \omega_i(t)) + u_i(t)。 \tag{2-29}$$

由于系统 (2-27) 与孤立点 (2-28) 获得有限时间同步的证明过程与定理 2.1 非常相似，因此这里省略证明过程直接给出以下推论。

推论 2.2 令假设 2.1、假设 2.2 和假设 2.3 同时成立。设想存在参数 p_i, q_i, ξ_i^k 满足以下不等式：

$$p_i \geq \alpha + 2a_0 \| D \| + \sum_{k'=1}^{m} a_{k'} \| D_{\tau_{k'}} \|,$$
$$q_i \geq \beta,$$
$$\xi_i^k \geq 3a_k \| D_{\tau_k} \|, k = 1, 2, \cdots, m, \tag{2-30}$$

其中，$p_i > 0, q_i > 0, \xi_i^k > 0$。用于控制有限时间同步的控制器设计如下：

$$u_i(t) = -\sqrt{n} \cdot \text{sign}(\omega_i(t))(p_i \| \omega_i(t) \|_1 + q_i \| \omega_i(t - \tau(t)) \|_1 +$$
$$\sum_{k=1}^{m} \xi_i^k \left\| \omega_i(t - \tau_k(t)) \right\|_1 + \frac{k_0}{n^{(\eta/2)}} \left\| \omega_i(t) \right\|_1^{\eta}), \tag{2-31}$$

其中，$\kappa_0 > 0, 0 < \eta < 1$。

则混合耦合复杂网络(2-27)在控制器(2-31)的控制下可实现有限时间同步。

 ## 2.4 多边复杂动态网络的固定时间同步控制

在本小节中，我们结合给定的引理、假设等，研究了给定误差动态系统(2-6)的固定时间稳定问题，这描述了多边复杂动态系统(2-1)和(2-3)的固定时间同步情况。

在此先定义固定时间稳定概念，具体定义如下：

定义2.2 （固定时间稳定）通过设计的控制器调控，总是存在一个固定的正常数 T_0 且 T_0 的取值与系统初始值不相关。如果以下表达式成立：

$$\lim_{t \to T_0} e_i(t) = (0, 0, \cdots, 0)^{\mathrm{T}},$$

$$e_i(t) \equiv (0, 0, \cdots, 0)^{\mathrm{T}}, t > T_0, i = 1, 2, \cdots, N, \tag{2-32}$$

则称误差动态系统(2-6)是固定时间稳定的，且误差动态系统的该状态称为固定时间稳态。T_0 称为固定稳定时间。

注释2.3 通过分析有限时间稳定和固定时间稳定问题，容易发现有限时间稳定依赖于复杂动态网络的初始条件；相反，固定时间同步则与复杂网络的初始条件不相关。因此，对复杂系统的固定时间同步问题的研究工作很有必要和意义，特别是当网络系统的初始条件难于获取到时，固定时间同步控制优势更加明显。

设计用于控制实现固定时间同步的控制法则如下：

$$u_i(t) = -\sqrt{n} \cdot \mathrm{sign}(e_i(t))\left(p_i \|e_i(t)\|_1 + q_i \|e_i(t - \tau(t))\|_1 + \right.$$

$$\left. \sum_{k=1}^{m} \xi_i^k \left\| e_i\left(t - \tau_k(t)\right) \right\|_1 + \frac{a \|e_i(t)\|_1^p}{n^{(p/2)}} + \frac{b \|e_i(t)\|_1^q}{n^{(q/2)}} \right), \tag{2-33}$$

其中，$a, b > 0, p > 1, 0 < q < 1, k = 1, 2, \cdots, m$，且参数 p_i, q_i, ξ_i^k 具体计算将在后面确定。

2.4.1 驱动系统与响应系统的固定时间同步研究

定理2.2 令假设2.1和假设2.2成立。如果存在正值参数 p_i, q_i, ξ_i^k（$k = 1, 2, \cdots, m$）使得以下不等式成立：

$$p_i \geqslant \alpha + 2 \left| G_{ii}^0 \right| \|D\| + \sum_{k'=1}^{m} \left| G_{ii}^{k'} \right| \|D_{\tau_{k'}}\|,$$

$$q_i \geqslant \beta,$$

$$\xi_i^k \geqslant 3 \left| G_{ii}^k \right| \|D_{\tau_k}\|, k = 1, 2, \cdots, m, \tag{2-34}$$

则根据引理 2.5,驱动系统(2-1)和响应系统(2-3)可以在固定时间 T_0 内实现同步。并且固定稳定时间 T_0 可根据以下计算公式确定:

$$T_0 = \frac{1}{aN^{1-p}(p-1)} + \frac{1}{b(1-q)} \text{。}$$ (2-35)

证明: 设计的 Lyapunov 函数为

$$V(t,e(t)) = \sum_{i=1}^{N} \frac{\|e_i(t)\|_1}{\sqrt{n}} = \sum_{i=1}^{N} \frac{\text{sign}^{\text{T}}(e_i(t))e_i(t)}{\sqrt{n}},$$ (2-36)

其中,$e(t) = (e_1^{\text{T}}(t), e_2^{\text{T}}(t), \cdots, e_n^{\text{T}}(t))^{\text{T}}$。

根据引理 2.2 及误差系统计算 $V(t)$ 的导数如下:

$$\dot{V}(t) = \sum_{i=1}^{N} \frac{\text{sign}^{\text{T}}(e_i(t))\dot{e}_i(t)}{\sqrt{n}}$$

$$\vdots$$

$$\leqslant \sum_{i=1}^{N} \left(\alpha + 2|G_{ii}^0|\|D\| + \sum_{k'=1}^{m} |G_{ii}^{k'}|\|D_{\tau_{k'}}\|\right) \|e_i(t)\|_1 +$$

$$\sum_{i=1}^{N} \beta \|e_i(t-\tau(t))\|_1 + \sum_{i=1}^{N} \sum_{k=1}^{m} 3|G_{ii}^k|\|D_{\tau_k}\|\|e_i(t-\tau_k(t))\|_1 +$$

$$\sum_{i=1}^{N} \frac{\text{sign}^{\text{T}}(e_i(t))}{\sqrt{n}} u_i(t) \text{。}$$ (2-37)

由于定理 2.2 的前面一部分的证明过程和定理 2.1 非常相近,所以这里省略了一些推导证明步骤,直接给出了计算结果(2-37)。计算结果(2-37)包含很多细节。首先,为了后面计算方便,这里先处理(2-37)的一个项 $\sum_{i=1}^{N} \frac{\text{sign}^{\text{T}}(e_i(t))}{\sqrt{n}} u_i(t)$,然后这一部分处理结果代回到前面的(2-37)中去。部分计算情况如下:

$$\sum_{i=1}^{N} \frac{\text{sign}^{\text{T}}(e_i(t))}{\sqrt{n}} u_i(t) = \sum_{i=1}^{N} \frac{\text{sign}^{\text{T}}(e_i(t))}{\sqrt{n}} \left[-\sqrt{n} \cdot \text{sign}(e_i(t))\left(p_i\|e_i(t)\|_1 + \right.\right.$$

$$q_i\|e_i(t-\tau(t))\|_1 + \sum_{k=1}^{m} \xi_i^k\|e_i(t-\tau_k(t))\|_1 +$$

$$\left.\left. \frac{a\|e_i(t)\|_1^p}{n^{(p/2)}} + \frac{b\|e_i(t)\|_1^q}{n^{(q/2)}}\right)\right]$$

$$\leqslant -\left(\sum_{i=1}^{N} p_i\|e_i(t)\|_1 + \sum_{i=1}^{N} q_i\|e_i(t-\tau(t))\|_1 + \right.$$

$$\sum_{i=1}^{N} \sum_{k=1}^{m} \xi_i^k\|e_i(t-\tau_k(t))\|_1 + a\sum_{i=1}^{N} \frac{\|e_i(t)\|_1^p}{n^{(p/2)}} +$$

$$\left. b\sum_{i=1}^{N} \frac{\|e_i(t)\|_1^q}{n^{(q/2)}}\right) \text{。}$$ (2-38)

将式(2-38)代入式(2-37)中,继续计算推导如下:

$$\dot{V}(t) \leqslant \sum_{i=1}^{N} \left(\alpha + 2 \, | \, G_{ii}^0 \, | \, \| D \| + \sum_{k'=1}^{m} | \, G_{ii}^{k'} \, | \, \| D_{\tau_{k'}} \| - p_i \right) \| e_i(t) \|_1 +$$

$$\sum_{i=1}^{N} (\beta - q_i) \| e_i(t - \tau(t)) \|_1 + \sum_{i=1}^{N} \sum_{k=1}^{m} (3 \, | \, G_{ii}^k \, | \, \| D_{\tau_k} \| - \xi^k) \|$$

$$e_i(t - \tau_k(t)) \|_1 - a \sum_{i=1}^{N} \frac{\| e_i(t) \|_1^p}{n^{(p/2)}} - b \sum_{i=1}^{N} \frac{\| e_i(t) \|_1^q}{n^{(q/2)}} \,。 \tag{2-39}$$

综合考虑式(2-34)和引理2.1,可以计算得到以下结果:

$$\dot{V}(t) \leqslant - a \sum_{i=1}^{N} \frac{\| e_i(t) \|_1^p}{n^{(p/2)}} - b \sum_{i=1}^{N} \frac{\| e_i(t) \|_1^q}{n^{(q/2)}}$$

$$\dot{V}(t) \leqslant - a N^{1-p} \left(\sum_{i=1}^{N} \frac{\| e_i(t) \|_1}{\sqrt{n}} \right)^p - b \left(\sum_{i=1}^{N} \frac{\| e_i(t) \|_1}{\sqrt{n}} \right)^q$$

$$\leqslant - a N^{1-p} V^p(t) - b V^q(t) \,。 \tag{2-40}$$

通过综合考虑可知,给定的误差动态系统(2-6)是固定时间稳定的。根据引理2.5,固定稳定时间 T_0 可根据以下计算公式得到:

$$T_0 = \frac{1}{a N^{1-p}(p-1)} + \frac{1}{b(1-q)} \,。 \tag{2-41}$$

证毕。

注释2.4 目前,大部分研究成果都是基于复杂动态网络的有限时间同步问题的,然而,很少有关注基于本章提出的带混合耦合和多边复杂动态网络的固定时间同步问题研究。因此,本章开展了当前的研究工作。

2.4.2 多边复杂动态网络与孤立点之间的固定时间同步研究

由于固定时间同步控制较有限时间同步控制具有更强的应用价值,本节将集中于多边复杂动态网络与孤立点之间的固定时间同步控制问题的研究。通过设计合适的控制法则给出实现固定时间同步目标对应的限制条件。

这里考虑的多边复杂动态网络模型和孤立点数学模型与2.3节中的相同。

推论2.3 令假设2.1、假设2.2和假设2.3均成立,设想存在这样的正值参数 p_i,q_i 和 ξ_i^k 满足以下不等式:

$$p_i \geqslant \alpha + 2 a_0 \| D \| + \sum_{k'=1}^{m} a_{k'} \| D_{\tau_{k'}} \|,$$

$$q_i \geqslant \beta,$$

$$\xi_i^k \geqslant 3 a_k \| D_{\tau_k} \|, k = 1, 2, \cdots, m, \tag{2-42}$$

其中,$p_i > 0$,$q_i > 0$,$\xi_i^k > 0$。对应设计用来控制实现网络系统固定时间同步的控制器描述如下:

$$u_i(t) = -\sqrt{n} \cdot \text{sign}(\omega_i(t))\Big(p_i \|\omega_i(t)\|_1 + q_i \|\omega_i(t - \tau(t))\|_1 +$$

$$\sum_{k=1}^{m} \xi_i^k \|\omega_i(t - \tau_k(t))\|_1 + \frac{a \|\omega_i(t)\|_1^p}{n^{(p/2)}} + \frac{b \|\omega_i(t)\|_1^q}{n^{(q/2)}}\Big), \quad (2\text{-}43)$$

其中,$a,b > 0, p > 1, 0 < q < 1$。

则多边混合耦合复杂动态网络(2-27)在控制器(2-43)的控制下可以实现固定时间同步。其中,固定稳定时间 T_0 可通过以下计算公式计算得到:

$$T_0 = \frac{1}{aN^{1-p}(p-1)} + \frac{1}{b(1-q)}。 \quad (2\text{-}44)$$

证明: 由于该推论的证明过程与定理 2.2 的证明过程非常相近,所以这里省略对推论的证明过程。

2.5　实验仿真

在本节中,给出了两个数值仿真实验来说明获得的研究成果的正确性和有效性。

2.5.1　数值实验 1

本实验考虑由三个节点构成,网络节点之间存在三重连边,每个网络节点都是二维的驱动系统(2-45)的多边混合耦合复杂动态网络模型。

$$\dot{x}_i(t) = f(x_i(t)) + g(x_i(t - \tau(t))) + \sum_{j=1, j \neq i}^{3} G_{ij}^0 D(x_j(t) - x_i(t)) +$$

$$\sum_{j=1, j \neq i}^{3} G_{ij}^1 D_{\tau_1}(x_j(t - \tau_1(t)) - x_i(t)) +$$

$$\sum_{j=1, j \neq i}^{3} G_{ij}^2 D_{\tau_2}(x_j(t - \tau_2(t)) - x_i(t)), i = 1, 2, 3, \quad (2\text{-}45)$$

其中,

$$f(x_i(t)) = -\begin{bmatrix} 1 & 0 \\ 0 & 1 \end{bmatrix}\begin{bmatrix} x_{i1}(t) \\ x_{i2}(t) \end{bmatrix} + \begin{bmatrix} 1 + \dfrac{\pi}{8} & 1 \\ 0.2 & 1 + \dfrac{\pi}{8} \end{bmatrix}\begin{bmatrix} f_1(x_{i1}(t)) \\ f_2(x_{i2}(t)) \end{bmatrix},$$

$$g(x_i(t - \tau(t))) = \begin{bmatrix} \sqrt{2}\dfrac{\pi}{8}1.3 & 0.1 \\ 0.1 & \sqrt{2}\dfrac{\pi}{8}1.3 \end{bmatrix}\begin{bmatrix} f_1(x_{i1}(t - \tau(t))) \\ f_2(x_{i2}(t - \tau(t))) \end{bmatrix}。$$

且 $f_i(x) = \dfrac{|x+1| - |x-1|}{2}, i = 1, 2$。

网络模型中涉及的时变时延给定如下：

$$\tau(t) = \frac{e^t}{1 + e^t},$$

$$\tau_1(t) = 1.5(1 - \cos(2t)),$$

$$\tau_2(t) = 1 + \sin(t)。$$

复杂网络的结构配置矩阵给定如下：

$$G_0 = \begin{matrix} -0.3 & 0.2 & 0.1 \\ 0.2 & -0.6 & 0.4 \\ 0.1 & 0.4 & -0.5 \end{matrix},$$

$$G_1 = \begin{matrix} -0.8 & 0.5 & 0.3 \\ 0.5 & -0.7 & 0.2 \\ 0.3 & 0.2 & -0.5 \end{matrix},$$

$$G_2 = \begin{matrix} -0.6 & 0.4 & 0.2 \\ 0.4 & -0.9 & 0.5 \\ 0.2 & 0.5 & -0.7 \end{matrix}。$$

多边复杂网络的内部耦合矩阵给定如下：

$$D = \begin{bmatrix} 1 & 0 \\ 2 & 1 \end{bmatrix}, D_{\tau_1} = \begin{bmatrix} 3 & 1.2 \\ 2 & 1 \end{bmatrix}, D_{\tau_2} = \begin{bmatrix} 1.1 & 4 \\ 1 & 2.5 \end{bmatrix}。$$

以网络模型(2-45)为驱动系统，对应的响应系统给定如下：

$$\dot{y}_i(t) = f(y_i(t)) + g(y_i(t - \tau(t))) + \sum_{j=1, j \neq i}^{3} G_{ij}^0 D(y_j(t) - y_i(t)) +$$

$$\sum_{j=1, j \neq i}^{3} G_{ij}^1 D_{\tau_1}(y_j(t - \tau_1(t)) - y_i(t)) + \sum_{j=1, j \neq i}^{3} G_{ij}^2 D_{\tau_2}(y_j(t - \tau_2(t)) -$$

$$y_i(t)) + u_i(t), i = 1, 2, 3。 \tag{2-46}$$

仿真中响应系统和驱动系统的初始条件给定如下：

$$x_1(t) = \begin{bmatrix} 7-t \\ -1 \end{bmatrix}, x_2(t) = \begin{bmatrix} 3 \\ -5+t \end{bmatrix}, x_3(t) = \begin{bmatrix} 2+2t \\ -3 \end{bmatrix},$$

$$y_1(t) = \begin{bmatrix} t+1 \\ -8 \end{bmatrix}, y_2(t) = \begin{bmatrix} 5 \\ 2 \end{bmatrix}, y_3(t) = \begin{bmatrix} -1 \\ -6 \end{bmatrix}, t \in [-5, 0]。$$

定义同步误差的计算如下：

$$\|e_i(t)\|_1 = |y_{i1} - x_{i1}| + |y_{i2} - x_{i2}|, i = 1, 2, 3。$$

为了更清晰、有条理地对所获得的研究成果进行说明仿真，将仿真实验分成三种情况类型分别仿真验证。令 $\alpha = 3.9$ 且 $\beta = 1$。

1. 情况 1

仿真在驱动系统和响应系统不受控制器控制情况下的 $x_{ij}(t)$ 和 $y_{ij}(t)$ ($i = 1,2,3; j = 1,2$) 的状态轨迹变化情况, 对应实验结果显示在图 2-1 中。并且, 不带控制输入情况下的 $\|e_i(t)\|_1, i = 1,2,3$ 轨迹显示在图 2-2 中。可以看到, 不带控制输入时, 驱动系统 (2-45) 和响应系统 (2-46) 的状态轨迹随时间变化杂乱无规律, 处于非同步状态。并且误差系统的轨迹也一直随时间变化, 处于非稳定状态。

2. 情况 2

在定理 2.1 中给定不等式满足的情况下, 仿真验证定理 2.1 结论的正确性和有效性。相关参数采用下面的取值:

$$p_1 = 12, q_1 = 1, \xi_1^1 = 10, \xi_1^2 = 9;$$
$$p_2 = 14, q_2 = 1, \xi_2^1 = 9, \xi_2^2 = 14;$$
$$p_3 = 12, q_3 = 1, \xi_3^1 = 6, \xi_3^2 = 11;$$
$$k_0 = 2, \eta = \frac{1}{2}。$$

令 $t_0 = 0$, 根据定理 2.1 的有限稳定时间计算公式可以计算获得 t_1 取值为 4.449 6。驱动系统 (2-45) 和响应系统 (2-46) 在有限稳定时间 t_1 内通过控制器 (2-18) 控制实现有限时间同步的仿真结果在图 2-3 中给出。从仿真结果可以看到, 驱动系统和响应系统在控制器控制作用下实现了有限时间同步目标, 并且同步时间比理论时间更小。

3. 情况 3

在定理 2.2 中给定不等式满足的情况下, 仿真验证定理 2.2 结论的正确性和有效性。相关参数采用下面的取值:

$$p_1 = 12, q_1 = 1, \xi_1^1 = 10, \xi_1^2 = 9;$$
$$p_2 = 14, q_2 = 1, \xi_2^1 = 9, \xi_2^2 = 14;$$
$$p_3 = 12, q_3 = 1, \xi_3^1 = 6, \xi_3^2 = 11;$$
$$a = 1, b = 1, p = 2, q = \frac{1}{2}。$$

根据定理 2.2 的固定稳定时间计算公式可以计算获得 T_0 取值为 5, 驱动系统 (2-45) 和响应系统 (2-46) 在固定稳定时间 T_0 内通过控制器 (2-33) 控制实现固定时间同步的仿真结果显示在图 2-4 中。从图 2-4 可见, 在控制器控制作用下误差系统的误差轨迹收敛了, 并且同步时间比理论的固定时间更小, 实现了固定时间同步目标。

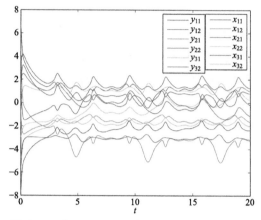

图2-1　驱动系统（2-45）和响应系统（2-46）不带控制输入时的状态轨迹图

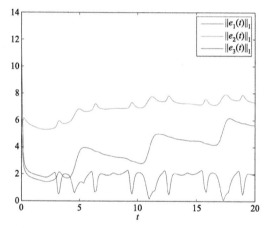

图2-2　不带控制输入时驱动系统（2-45）和响应系统（2-46）的收敛误差轨迹图

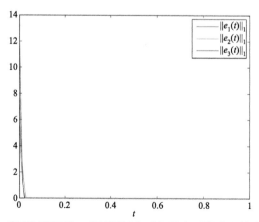

图2-3　有限时间同步：带控制输入（2-18）时驱动系统（2-45）
和响应系统（2-46）的收敛误差轨迹图

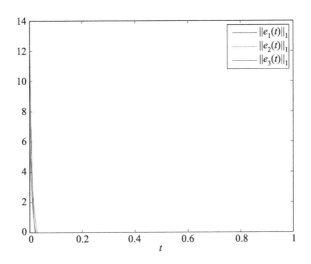

图 2-4　固定时间同步：带控制输入（2-33）时驱动系统（2-45）
和响应系统（2-46）的收敛误差轨迹图

2.5.2　数值实验 2

本实验考虑由三个节点构成，网络节点之间存在三重连边，每个网络节点都是二维的驱动系统(2-47)的多边混合耦合复杂动态网络模型：

$$\dot{x}_i(t) = f(x_i(t)) + g(x_i(t - \tau(t))) + \sum_{j=1, j \neq i}^{3} G_{ij}^0 D(x_j(t) - x_i(t)) +$$

$$\sum_{j=1, j \neq i}^{3} G_{ij}^1 D_{\tau_1}(x_j(t - \tau_1(t)) - x_i(t)) + \sum_{j=1, j \neq i}^{3} G_{ij}^2 D_{\tau_2}(x_j(t - \tau_2(t)) -$$

$$x_i(t)) + u_i(t), i = 1, 2, 3, \tag{2-47}$$

其中, $u_i(t)$ 是合适的控制输入。

在实验 2 中将使用与实验 1 中相同的 $f(\cdot), g(\cdot), f_i(x), D, D_{\tau_1}, D_{\tau_2}, \tau(t),$ $\tau_1(t), \tau_2(t)$。

网络结构配置矩阵给定如下：

$$G_0 = \begin{matrix} -0.3 & 0.15 & 0.15 \\ 0.15 & -0.3 & 0.15 \\ 0.15 & 0.15 & -0.3 \end{matrix},$$

$$G_1 = \begin{matrix} -0.4 & 0.2 & 0.2 \\ 0.2 & -0.4 & 0.2 \\ 0.2 & 0.2 & -0.4 \end{matrix}$$

$$G_2 = \begin{array}{ccc} -0.5 & 0.25 & 0.25 \\ 0.25 & -0.5 & 0.25 \\ 0.25 & 0.25 & -0.5 \end{array}。$$

根据式(2-28),同步状态模型给定如下:

$$\dot{s}(t) = f(s(t)) + g(s(t - \tau(t))) - (-0.4)D_{\tau_1}(s(t - \tau_1(t)) - s(t)) -$$
$$(-0.5)D_{\tau_2}(s(t - \tau_2(t)) - s(t))。 \tag{2-48}$$

仿真实验中网络系统的初始条件给定如下:

$$s(t) = \binom{8-t}{-1}, x_1(t) = \binom{3}{-5+t}, x_2(t) = \binom{2+2t}{-3}, x_3(t) = \binom{t+1}{-8}, t \in [-5, 0]。$$

在仿真实验 2 中,定义误差为

$$\|\omega_i(t)\|_1 = |x_{i1} - s_1| + |x_{i2} - s_2|, i = 1, 2, 3。$$

为了更清晰、有条理地对本章获得的研究成果进行说明仿真,将仿真实验分成三种情况类型分别仿真验证。

1. 情况 1

仿真系统(2-47)和响应系统(2-48)在不受控制器控制情况下的 $x_{ij}(t)$ 和 $s_j(t)$ ($i = 1, 2, 3; j = 1, 2$)的状态轨迹变化情况,对应实验结果在图 2-5 中给出。不带控制输入情况下的 $\|\omega_i(t)\|_1, i = 1, 2, 3$ 轨迹在图 2-6 中给出。可以看到,不带控制输入时,驱动系统(2-47)和孤立点(2-48)的状态轨迹随时间变化杂乱无规律,处于非同步状态。并且,误差系统的轨迹也一直随时间变化,处于非稳定状态。

2. 情况 2

当推论 2.2 中要求满足的不等式成立时,对推论 2.2 的研究结果进行仿真。相关参数的仿真取值情况如下:

$$p_1 = 10, q_1 = 1, \xi_1^1 = 5, \xi_1^2 = 8;$$
$$p_2 = 10, q_2 = 1, \xi_2^1 = 5, \xi_2^2 = 8;$$
$$p_3 = 10, q_3 = 1, \xi_3^1 = 5, \xi_3^2 = 8;$$
$$k_0 = 2, \eta = \frac{1}{2}。$$

驱动系统(2-47)和响应系统(2-48)在有限稳定时间 t_1(通过计算为 $t_1 = 4.6819$)内通过控制器(2-31)控制实现有限时间同步的仿真结果在图 2-7 中给出。从仿真结果可以看到,驱动系统和响应系统在控制器控制作用下实现了有限时间同步目标,并且同步时间比理论有限时间更小。

3. 情况 3

当推论 2.3 中要求满足的不等式成立时,对推论 2.3 的研究结果进行仿真。相关参数的仿真取值情况如下:

$$p_1 = 10, q_1 = 1, \xi_1^1 = 5, \xi_1^2 = 8;$$
$$p_2 = 10, q_2 = 1, \xi_2^1 = 5, \xi_2^2 = 8;$$
$$p_3 = 10, q_3 = 1, \xi_3^1 = 5, \xi_3^2 = 8;$$
$$a = 1, b = 1, p = 2, q = \frac{1}{2}。$$

根据推论 2.3，可以计算得到固定稳定时间 T_0 的值为 5。驱动系统（2-47）和响应系统(2-48)在固定稳定时间 T_0 内通过控制器(2-43)控制实现固定时间同步的仿真结果在图 2-8 中给出。从图 2-8 看到，在控制器控制作用下误差系统的误差轨迹收敛了，并且同步时间比理论的固定时间更小，实现了固定时间同步目标。

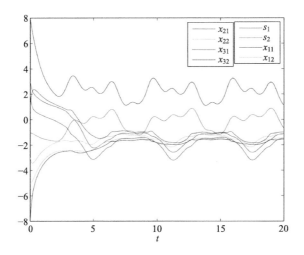

图2-5　不带控制输入时系统（2-47）和（2-48）的状态轨迹图

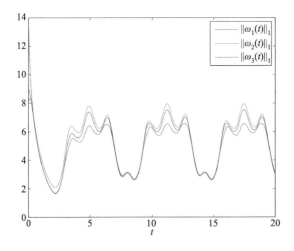

图2-6　不带控制输入时系统（2-47）和（2-48）的收敛误差轨迹图

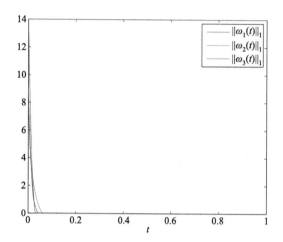

图2-7　有限时间同步：带控制器（2-31）时系统（2-47）
和（2-48）的收敛误差轨迹图

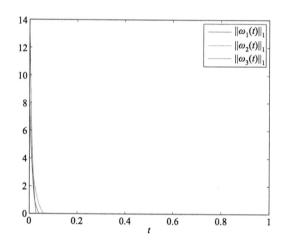

图2-8　固定时间同步：带控制器（2-43）时系统（2-47）
和（2-48）的收敛误差轨迹图

参考文献

［1］QIN H X, JUN M A, JIN W Y, et al. Dynamics of electric activities in neuron and neurons of network induced by autapses［J］. Science China Technological Sciences, 2014, 57(5):936-946.

［2］WANG X. Complex networks topology, dynamics and synchronization［J］. International Journal of Bifurcation and Chaos, 2002, 12(5):885-916.

［3］LI T, RAO B, LI T. Asymptotic controllability and asymptotic synchronization for a coupled system of wave equations with Dirichlet boundary controls[J]. Asymptotic Analysis,2014,86(3):199-226.

[4] WEN S,CHEN S,WANG C. Global synchronization in complex networks consisted of systems with the property of xk-leading asymptotic stability[J]. Physics letters A,2008,372(17):3021-3026.

[5] AGRAWAL S K,DAS S. Projective synchronization between different fractional-order hyperchaotic systems with uncertain parameters using proposed modified adaptive projective synchronization technique[J]. Mathematical Methods in the Applied Sciences,2015,37(14):2164-2176.

[6] CHEN S,CAO J. Projective synchronization of neural networks with mixed time-varying delays and parameter mismatch[J]. Nonlinear Dynamics,2012,67(2):1397-1406.

[7] WU Z,DUAN J,FU X. Complex projective synchronization in coupled chaotic complex dynamical systems[J]. Nonlinear Dynamics,2011,69(3):771-779.

[8] BANU L J,BALASUBRAMANIAM P. Synchronisation of discrete-time complex networks with randomly occurring uncertainties, nonlinearities and time-delays[J]. International Journal of Systems Science,2014,45(7):1427-1450.

[9] LI B. Finite-time synchronization for complex dynamical networks with hybrid coupling and time-varying delay[J]. Nonlinear Dynamics,2014,76(2):1603-1610.

[10] NAIFAR O,MAKHLOUF A B,HAMMAMI M A,et al. State feedback control law for a class of nonlinear time-varying system under unknown time-varying delay[J]. Nonlinear Dynamics,2015,82(1/2):349-355.

[11] CUI W,FANG J,ZHANG W,et al. Finite-time cluster synchronisation of Markovian switching complex networks with stochastic perturbations[J]. Iet Control Theory & Applications,2014,8(1):30-41.

[12] ZHANG W,YANG X,XU C,et al. Finite-time synchronization of discontinuous neural networks with delays and mismatched parameters[J]. IEEE Transactions on Neural Networks & Learning Systems,2017,29(8):3761-3771.

[13] SUN J,SHEN Y,WANG X,et al. Finite-time combination-combination synchronization of four different chaotic systems with unknown parameters via sliding mode control[J]. Nonlinear Dynamics,2014,76(1):383-397.

[14] CHEN Y,LI M,CHENG Z. Global anti-synchronization of master-slave chaotic modified Chua's circuits coupled by linear feedback control[J]. Mathematical & Computer Modelling,2010,52(3):567-573.

[15] LIN Q,WU X. The sufficient criteria for global synchronization of chaotic power systems under linear state-error feedback control[J]. Nonlinear Analysis Real World Applications,2011,12(3):1500-1509.

[16] WANG B,XUE J,WU F,et al. Stabilization conditions for fuzzy control of uncertain fractional order non-linear systems with random disturbances[J]. Iet Control Theory & Applications,2016,10(6):637-647.

[17] ZHANG K,DEMETRIOU M A. Adaptation and optimization of the synchronization gains in the

adaptive spacecraft attitude synchronization [J]. Aerospace Science & Technology,2015,46: 116-123.

[18] WANG Y W,XIAO J W,WEN C,et al. Synchronization of continuous dynamical networks with discrete-time communications [J]. IEEE Transactions on Neural Networks,2011,22 (12): 1979-1986.

[19] WANG L,SHEN Y,ZHANG G. General decay synchronization stability for a class of delayed chaotic neural networks with discontinuous activations [J]. Neurocomputing,2016,179 (C): 169-175.

[20] JIN X Z,HE Y G,WANG D. Adaptive finite-time synchronization of a class of pinned and adjustable complex networks[J]. Nonlinear Dynamics,2016,85(3):1393-1403.

[21] DORATO P. Short time stability in linear time-varying systems [M]. NewYork: Polytechnic Institute of Brooklyn,1961.

[22] GARRARD W. Further results on the synthesis of finite-time stable systems [J]. IEEE Transactions on Automatic Control,1972,17(1):142-144.

[23] MELLAERT L V,DORATO P. Numerical solution of an optimal control problem with a probability criterion[J]. IEEE Transactions on Automatic Control,1972,17(4):543-546.

[24] ZHANG Y,HE Z. A secure communication scheme based on cellular neural networks [C]// IEEE International Conference on Intelligent Processing Systems,1997,1: 521-524.

[25] POLYAKOV A. Nonlinear feedback design for fixed-time stabilization of linear control systems [J]. IEEE Transactions on Automatic Control,2012,57(8):2106-2110.

[26] WU C W. Synchronization in arrays of coupled nonlinear systems with delay and nonreciprocal time-varying coupling[J]. IEEE Transactions on Circuits & Systems II Express Briefs,2005,52 (5):282-286.

[27] MEI J,JIANG M,XU W,et al. Finite-time synchronization control of complex dynamical networks with time delay [J]. Communications in Nonlinear Science & Numerical Simulation,2013,18 (9):2462-2478.

[28] HUANG J,LI C,HUANG T,et al. Finite-time lag synchronization of delayed neural networks[J]. Neurocomputing,2014,139(13):145-149.

[29] HE W,CAO J. Global synchronization in arrays of coupled networks with one single time-varying delay coupling[J]. Physics Letters A,2009,373(31):2682-2694.

[30] CHAI W. Synchronization in complex networks nonlinear dynamical systems [M]. Singapore: World Scientific Publishing,2007.

[31] Barabsi A L. Linked: the new science of networks[M]. Massachusetts: Persus Publishing,2002.

[32] YI J W,WANG Y W,XIAO J W,et al. Synchronisation of complex dynamical networks with additive stochastic time-varying delays [J]. International Journal of Systems Science,2016,47 (5):1221-1229.

[33] WANG T,DING Y,ZHANG L,et al. Adaptive feedback synchronisation of complex dynamical network with discrete-time communications and delayed nodes [J]. International Journal of

Systems Science,2015,47(11):2563-2571.

[34] ZHANG Q,LU J. Adaptive feedback synchronization of a general complex dynamical network with delayed nodes[J]. Circuits & Systems II Express Briefs IEEE Transactions on,2008,55(2):183-187.

[35] PENG H,WEI N,LI L,et al. Models and synchronization of time-delayed complex dynamical networks with multi-links based on adaptive control[J]. Physics Letters A,2010,374(23):2335-2339.

[36] YU W,CHEN G,CAO J. Adaptive synchronization of uncertain coupled stochastic complex networks[J]. Asian Journal of Control,2011,13(3):418-429.

[37] KHALIL H K,GRIZZLE J W. Nonlinear systems[M]. New Jersey:Prentice Hall,2002.

[38] CLARKE F H. Nonsmooth analysis and optimization [C]//Proceedings of the International Congress of Mathematicians,1983,5:847-853.

[39] TANG Y. Terminal sliding mode control for rigid robots[J]. Automatica,1998,34(1),51-56.

[40] SHEN Y,HUANG Y,GU J. Global finite-time observers for lipschitz nonlinear systems[J]. IEEE Transactions on Automatic Control,2011,56(2):418-424.

第 3 章
带脉冲扰动多边忆阻切变网络的稳定性与同步控制研究

在第 2 章中,对多边时变时延复杂网络的有限时间同步控制问题和固定时间同步控制问题进行了研究。而当前学术领域对生命科学相关研究颇为关注,其中,类脑科学便是一个热门研究领域。神经网络作为复杂动态网络的一种,与人脑神经系统工作机制的探索研究息息相关。经典人工神经网络采用电阻器模拟神经元之间的连接功能,但这与生物神经突触的真实功能相去甚远。所以,后来研究人员发现了能够更贴近模拟生物突触功能的电子元器件——忆阻器,并基于忆阻器构建新型的神经网络模型。本章研究内容即针对忆阻神经网络模型的动力学行为展开的,同时兼顾考虑系统可能面临的扰动影响。

3.1 多边忆阻切变网络模型的提出

近些年来,忆阻神经网络(MNNs)吸引了大量的关注,因为基于忆阻器构建的人工神经网络可以相对更好地模拟神生物神经系统的功能和行为。此外,忆阻神经网络在构建类脑“神经”计算机领域的潜在应用也是它备受关注的一大原因[1]。而 MNNs 中的关键项是忆阻器。从 2008 年惠普一个科研团队制备出忆阻器电路元器件开始,关于忆阻器以及其潜在应用的研究,引起了大量研究人员的兴趣[2]。忆阻器被认为是第四类电路元器件,它具备一些独特的物理属性,如电流-电压特征非线性特征和记忆特征等[3]。因此,忆阻器绝不可能被另外三类电路元器件即电阻器、电容器和电感器所代替。这里给出了一幅示意图用于简要描述一部分忆阻神经网络结构和忆阻器及其关系,如图 3-1 所示。

同步是一种重要的集群行为,由于其在社会学、生物学、科技等领域的重要性,使同步研究吸引了大量的注意力[4]。特别是近十年来,忆阻神经网络的同步被广泛研究[5-10]。例如,Wang 等[11]设计带输出耦合或状态的控制器探究忆阻神经网络的同步问题。Han 等[12]研究了带混合时变时延的一类一般化的忆阻神经网络的自适应指数同步问题。Wu 等[13]采用广义的 Halanay 不等式研究了混沌忆阻神经网络的改进型函数投影同步问题。到目前为止,通过所有相关研究人员的努力,已经获得了很多获得忆阻神经网络同步的控制技术,如脉冲控制技术[14]、间歇控制技术[15-17]、牵制控制技术[18]、自适应控制技术[19]。根据控制法则的连续性特性,忆阻神经网络的控制技术可以划分为连续控制方式[20-24]与非连续控制方式两大类[25,26]。

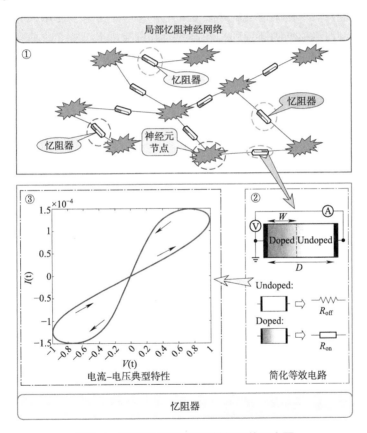

图 3-1　忆阻器及局部忆阻神经网络示意图

注:①显示忆阻神经网络的局部结构。②显示忆阻器的简化等效电路。
③显示忆阻器的重要物理属性:电流-电压非线性特征

在已有的忆阻神经网络模型中,神经元之间的连接被视为一条单纯的连边。然而,根据生物神经元的相关研究成果可知,神经元轴突末梢可以分化成若干个分支,而每个分枝形成一个突触小体,作为神经轴突末梢的突触小体可以与相邻神经元的细胞体、树突等部位相接触形成突触[27]。通常,根据接触神经元不同部位可以将突触的接触类型主要分为以下三大类:轴突-树突突触、轴突-细胞体突触和轴突-轴突突触。通过图3-2可以清晰地看到两个神经元之间存在的多种不同接触形式的突触。同时,神经兴奋在从前一神经元经突触传导到后一神经元的过程中将导致多时延的产生。综上分析可知,目前已经存在的忆阻神经网络模型不足以描述神经元之间的复杂结构。

在本章中,针对神经元之间的复杂结构和工作机制,提出一种新颖的数学网络模型,即带多重边和时变时延的忆阻切变网络模型。通过该新颖网络模型来更贴近地描述生物神经系统的复杂接触情况和工作机制。这一提出网络模型的动力学行为更加复杂且尚未得到研究探索。进而,采用一种更易于使用的分析技术来研究本章所提出网络模型的渐近同步和有限时间同步问题。为了实现网络的同步目标,本章设计、提出了自适应控制策略和间歇控制策略。同时,为了增加对真实环境的模拟程度,引入脉冲扰动首次在这一新颖网络模型下进行同步控制研究。最后,提取得到一些可有效控制实现同步目标的准则。

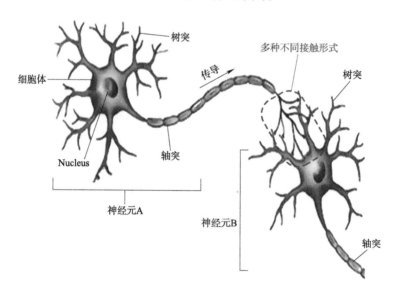

图3-2　两个神经元之间多重不同接触形式示意图

 **3.2　知识储备与模型描述**

通常,经典的忆阻神经网络数学模型一般会给定如下[28-30]:

$$\dot{x}_i(t) = -c_i x_i(t) + \sum_{j=1}^{N} a_{ij}(x_i(t))\overline{g}_j(x_j(t)) +$$

$$\sum_{j=1}^{N} b_{ij}(x_i(t))g_j(x_j(t - \tau_1(t))) + I_i, \tag{3-1}$$

其中,$x_i(t)$ 即为描述第 i 个神经元的状态情况;c_i 用来描述神经网络第 i 个神经元的自抑制作用;$a_{ij}(x_i(t))$ 和 $b_{ij}(x_i(t))$ 表示基于忆阻器的连接权重;函数 $\overline{g}_j(x_j(t))$ 和 $g_j(x_j(t - \tau_1(t)))$ 分别表示不带时延和带时延的激活函数;I_i 用来表示外部输入的项。

然而,结合 3.1 节的分析,我们知道事实上轴突分化而来的若干个轴突末梢-突触小体是可以与相邻神经元的细胞体、树突等不同部位接触的。通过图 3-2 也可以很容易看到两个神经元之间的多重不同形式的连接接触。因此,本章尝试构建一种新的数学模型(即忆阻切变网络模型,MSNs)来更贴近地描述生物神经网络的这一复杂构造,基于 MSNs 模型的驱动系统和响应系统中用基于忆阻器的连接权重项 $b_{ij}^l(x_i(t))$ 和 $b_{ij}^l(y_i(t))(l = 1, \cdots, m)$ 来对应描述真实神经元之间的不同属性、不同形式的多重边连接接触。同时,考虑到兴奋传导时神经递质需要从突触前部到突触后部经历释放过程和扩散过程,本章在提出的网络数学模型中引入时变时延多项表达式 $\tau_l(t)(l = 1, \cdots, m)$ 来对应描述不同接触形式突触的释放、扩散过程造成的时延。所构造新的网络数学模型在接下来的小节中详细进行描述。由于已存在的经典忆阻神经网络模型不足以描述生物神经元之间的复杂构造,因此本章提出新网络模型并对其动力学行为进行探索研究将具有较强的实际意义。

3.2.1　网络模型描述

本节将详细给出 MSNs 的网络模型和相关标号的具体意义。带多重边和时变时延的忆阻切变网络数学模型给定如下:

$$\dot{x}_i(t) = -c_i x_i(t) + \sum_{j=1}^{N} a_{ij}^0(x_i(t))\overline{g}_j(x_j(t)) + \sum_{j=1}^{N} b_{ij}^1(x_i(t))g_j$$

$$(x_j(t - \tau_1(t))) + \cdots + \sum_{j=1}^{N} b_{ij}^m(x_i(t))g_j(x_j(t - \tau_m(t))) + I_i(t)$$

$$= -c_i x_i(t) + \sum_{j=1}^{N} a_{ij}^0(x_i(t))\overline{g}_j(x_j(t)) +$$

$$\sum_{l=1}^{m} \sum_{j=1}^{N} b_{ij}^l(x_i(t))g_j(x_j(t - \tau_l(t))) + I_i(t), \tag{3-2}$$

其中,$i \in \zeta \triangleq \{1, \cdots, N\}, N \geq 2$ 表示忆阻切变网络的节点序号;$x_i(t)$ 用来描述网络模拟电路中的电容器 C_i 的电压;$\overline{g}_j(x_j(t))$ 和 $g_j(x_j(t - \tau_l(t)))$ 分别表示不带时延和带时延的有界反馈激活函数;$\tau_l(t)(l = 1, \cdots, m)$ 用来描述对应第 l 重子网的时

变时延,且满足 $0 \leqslant \tau_l(t) \leqslant \tau, \dot{\tau}_l(t) \leqslant \tau_0, \tau$ 和 τ_0 是正值常数;c_i 用来表示网络节点的自抑制作用;$I_i(t)$ 用来描述节点的外部输入;$a_{ij}^0(x_i(t))$ 和 $b_{ij}^l(x_i(t))$ 表示基于忆阻器的权重系数,并且

$$a_{ij}^0(x_i(t)) = \frac{\overline{M}_{\bar{g}_{ij}}}{C_i} \times \mathrm{sgn}_{ij}, b_{ij}^l(x_i(t)) = \frac{M_{g_{ij}}^l}{C_i} \times \mathrm{sgn}_{ij},$$

$$\mathrm{sgn}_{ij} = \begin{cases} 1 & i = j, \\ -1 & i \neq j, \end{cases}$$

其中,$\overline{M}_{\bar{g}_{ij}}$ 和 $M_{g_{ij}}^l$ 分别用于表示忆阻器 R_{ij} 和 F_{ij}^l 的忆阻值;R_{ij} 表示反馈函数 $\bar{g}_j(x_j(t))$ 和 $x_i(t)$ 之间的忆阻器;F_{ij}^l 表示反馈函数 $g_j(x_j(t - \tau_l(t)))$ 和 $x_i(t)$ 之间的忆阻器。

符号说明: 本章假设所涉及的矩阵是维度兼容的,除非在一些特殊说明的情况下有例外。对于矩阵 $H, H > 0$ 表示的意思是该矩阵为实数正定矩阵;符号 H^T 表示矩阵 H 的转置矩阵;$|H|$ 和 $\|H\|_1$ 均用于表示矩阵 H 的一范数。符号 $*$ 是用于表示一些省略部分,这些省略写明的部分和矩阵表达式对称位置的内容一致。

注释3.1 通过分析本章中提出的改进型神经网络模型 MSNs 可知,忆阻切变网络数学模型更加一般化。经典的忆阻神经网络可以看成当 $m = 1$ 时的一个特殊情况;复杂动态网络经典模型可以看成当忆阻权值系统 $a_{ij}^0(x_i(t))$ 和 $b_{ij}^l(x_i(t))$ 为常数时的特殊情况。

对应于忆阻器的磁滞回线特性,忆阻值 $\overline{M}_{\bar{g}_{ij}}$ 和 $M_{g_{ij}}^l$ 将对应发生改变[31]。然后,本章给定基于忆阻的权值参数 $a_{ij}^0(x_i(t))$ 和 $b_{ij}^l(x_i(t))$ 的取值函数如下:

$$a_{ij}^0(x_i(t)) = \begin{cases} \hat{a}_{ij}^0 & |x_i(t)| \leqslant \overline{\overline{w}}_i, \\ \breve{a}_{ij}^0 & |x_i(t)| > \overline{\overline{w}}_i, \end{cases}$$

$$b_{ij}^l(x_i(t)) = \begin{cases} \hat{b}_{ij}^l & |x_i(t)| \leqslant \overline{\overline{w}}_i^l, \\ \breve{b}_{ij}^l & |x_i(t)| > \overline{\overline{w}}_i^l, \end{cases}$$

其中,常数 $\overline{\overline{w}}_i > 0, \overline{w}_i^l > 0$ 且 $\overline{\overline{w}}_i^l$ 称为切变常数;$\hat{a}_{ij}^0, \breve{a}_{ij}^0, \hat{b}_{ij}^l, \breve{b}_{ij}^l (i, j = 1, 2, , \cdots, N)$ 均为常数。

与以前的采用微分包含理论进行忆阻神经网络同步分析的方法不同,本章采用其他分析方法探索忆阻切变网络的稳定性问题。本章网络稳定性和同步性分析大致分为两个阶段。首先,适当地将忆阻切变网络模型转变成一类带多重边和非确定性参数的动态复杂网络的数学模型。然后通过研究变形后的网络模型来获得忆阻切变网络的渐近同步和有限时间同步控制准则。

为了便于后面的网络模型的表达形式转换使用,这里预先给出一些标记的符号:

$$\overline{a}_{ij}^{0} = \max\{\hat{a}_{ij}^{0}, \breve{a}_{ij}^{0}\}, \overline{b}_{ij}^{l} = \max\{\hat{b}_{ij}^{l}, \breve{b}_{ij}^{l}\},$$

$$\underline{a}_{ij}^{0} = \min\{\hat{a}_{ij}^{0}, \breve{a}_{ij}^{0}\}, \underline{b}_{ij}^{l} = \min\{\hat{b}_{ij}^{l}, \breve{b}_{ij}^{l}\},$$

$$a_{ij}^{0} = \frac{1}{2}(\overline{a}_{ij}^{0} + \underline{a}_{ij}^{0}), b_{ij}^{l} = \frac{1}{2}(\overline{b}_{ij}^{l} + \underline{b}_{ij}^{l}),$$

$$\tilde{a}_{ij}^{0} = \frac{1}{2}(\overline{a}_{ij}^{0} - \underline{a}_{ij}^{0}), \tilde{b}_{ij}^{l} = \frac{1}{2}(\overline{b}_{ij}^{l} - \underline{b}_{ij}^{l}),$$

$$\Delta a_{0ij}^{0} \in [-\tilde{a}_{ij}^{0}, \tilde{a}_{ij}^{0}], \Delta b_{0ij}^{l} \in [-\tilde{b}_{ij}^{l}, \tilde{b}_{ij}^{l}]_{\circ} \tag{3-3}$$

利用上面给的符号,将忆阻切变网络(3-2)转换成如下带非确定性参数和多边复杂动态网络形式:

$$\dot{x}_i(t) = -c_i x_i(t) + \sum_{j=1}^{N}(a_{ij}^{0} + \Delta a_{0ij}^{0})\overline{g}_j(x_j(t)) +$$

$$\sum_{l=1}^{m}\sum_{j=1}^{N}(b_{ij}^{l} + \Delta b_{0ij}^{l})g_j(x_j(t - \tau_l(t))) + I_i(t), \tag{3-4}$$

其中,网络的初始状态 $x_i(t) = \Phi_i(t) \in C([-\tau, 0], R)$。

注释 3.2　根据以上的陈述可以知道,其中的非确定性参数 Δa_{0ij}^{0} 和 Δb_{0ij}^{l} 是依赖于网络状态的。一般地,Δa_{0ij}^{0} 和 Δb_{0ij}^{l} 可能不一定同时达到它们的最大值和最小值。本章用以下表达式来分别表示这两个非确定性参数:$\Delta a_{0ij}^{0} = f_i^{0}(t)\tilde{a}_{ij}^{0}$ 和 $\Delta b_{0ij}^{l} = f_i^{l}(t)\tilde{b}_{ij}^{l}$,其中 $f_i^{0}(t), f_i^{l}(t) \in [-1, 1]$。对于特殊情况下 Δa_{0ij}^{0} 和 Δb_{0ij}^{l} 同时达到它们的最大值和最小值时,$f_i^{0}(t) = f_i^{l}(t) \in [-1, 1]$。

注释 3.3　这里集中预先给出一些后面推导或形式转换中会用到的向量符号,并对不同向量符号具体代表的内容用数学表达式定义如下:

$$A^{0} = (a_{ij}^{0})_{N \times N}, B^{l} = (b_{ij}^{l})_{N \times N},$$

$$\tilde{A} = (\tilde{a}_{ij}^{0})_{N \times N}, \tilde{B}^{l} = (\tilde{b}_{ij}^{i})_{N \times N},$$

$$\Delta A_0^{0}(t) = (\Delta a_{ij}^{0})_{N \times N}, \Delta B_0^{l}(t) = (\Delta b_{ij}^{l})_{N \times N},$$

$$\Delta A_1^{0}(t) = (\Delta a_{ij}^{0})_{N \times N}, \Delta B_1^{l}(t) = (\Delta b_{ij}^{l})_{N \times N_{\circ}} \tag{3-5}$$

结合给定的向量定义,系统模型(3-4)可以被重写成如下形式:

$$\dot{x}(t) = -Cx(t) + (A^{0} + \Delta A_0^{0}(t))\overline{g}(x(t)) +$$

$$\sum_{l=1}^{m}(B^{l} + \Delta B_0^{l}(t))g(x(t - \tau_l(t))) + I(t), \tag{3-6}$$

其中,$C = \mathrm{diag}\{c_1, c_2, \cdots, c_N\}$,且 $x(t) = (x_1(t), x_2(t), \cdots, x_N(t))^{T}$。

如果将网络模型(3-2)看作驱动系统,那么对应带脉冲扰动的响应系统给定如下:

$$\dot{y}_i(t) = -c_i y_i(t) + \sum_{j=1}^{N}a_{ij}^{0}(y_i(t))\overline{g}_j(y_j(t)) + \sum_{j=1}^{N}b_{ij}^{1}(y_i(t))g_j(y_j(t - \tau_1(t))) + \cdots +$$

$$\sum_{j=1}^{N} b_{ij}^{m}(y_i(t))g_j(y_j(t - \tau_m(t))) + J_i(t) + u_i(t)$$

$$= - c_i y_i(t) + \sum_{j=1}^{N} a_{ij}^0(y_i(t))\bar{g}_j(y_j(t)) +$$

$$\sum_{l=1}^{m} \sum_{j=1}^{N} b_{ij}^{l}(y_i(t))g_j(y_j(t - \tau_l(t))) + J_i(t) + u_i(t), t \neq t_k,$$

且

$$\Delta y_i(t) = y_i(t_k^+) - y_i(t_k^-) = B_{ik}e_i(t), t = t_k,$$

$$y_i(t_0^+) = y_i(0), \tag{3-7}$$

其中,$k \in l$, l 是一个有限自然数集合,$i = 1, 2, \cdots, N$;响应系统的初始条件给定如下:$y_i(t) = \varphi_i(t) \in C([-\tau, 0], R)$;$y_i(t_k^+) = \lim_{t \to t^+} y_i(t)$,$y_i(t_k^-) = \lim_{t \to t^-} y_i(t)$;$u_i(t)$ 项用来描述针对带脉冲扰动响应系统设计的控制输入情况;$J_i(t)$ 用于描述第 i 个网络节点的外部输入;与参数 $a_{ij}^0(x_i(t))$ 和 $b_{ij}^l(x_i(t))$ 类似,$a_{ij}^0(y_i(t))$ 和 $b_{ij}^l(y_i(t))$ 对应的表达式给定如下:

$$a_{ij}^0(y_i(t)) = \begin{cases} \hat{a}_{ij}^0 & |y_i(t)| \leqslant \bar{\bar{w}}_i, \\ \breve{a}_{ij}^0 & |y_i(t)| > \bar{\bar{w}}_i, \end{cases}$$

$$b_{ij}^l(y_i(t)) = \begin{cases} \hat{b}_{ij}^l & |y_i(t)| \leqslant \bar{\bar{w}}_i^l, \\ \breve{b}_{ij}^l & |y_i(t)| > \bar{\bar{w}}_i^l \text{。} \end{cases}$$

这里的研究目标是通过设计合适的自适应控制器研究带脉冲扰动的多边忆阻切变网络的有限时间同步控制问题和渐近同步控制问题。

注释3.4 考虑一个一般化的时刻点 t_k,以下表达式成立:$y_i(t_k^-) = y_i(t_k)$,即表示响应系统状态向量 $y_i(t)$ 在时刻 t_k 是左连续的。所有响应系统暴露于脉冲扰动之下的时刻点在时间轴上是有序的,也就是,$t_1 < t_2 < \cdots < t_k < t_{k+1} < \cdots$;$\lim_{t \to \infty} t_k = \infty$。两个相邻脉冲的时间间隔区间为 $\tau_k = t_k - t_{k-1} < \infty$。

类似于对驱动系统的预处理操作,这里将响应系统模型(3-7)也转换成一类带非确定性参数和多边复杂动态网络模型形式:

$$\dot{y}_i(t) = - c_i y_i(t) + \sum_{j=1}^{N} (a_{ij}^0 + \Delta a_{1ij}^0)\bar{g}_j(y_j(t)) +$$

$$\sum_{l=1}^{m} \sum_{j=1}^{N} (b_{ij}^l + \Delta b_{1ij}^l)g_j(y_j(t - \tau_l(t))) + J_i(t) + u_i(t), t \neq t_k,$$

且

$$\Delta y_i(t) = y_i(t_k^+) - y_i(t_k^-) = B_{ik}e_i(t), t = t_k,$$

$$y_i(t_0^+) = y_i(0), \tag{3-8}$$

其中，$\Delta a_{1ij}^0 \in [-\tilde{a}_{ij}^0, \tilde{a}_{ij}^0]$，$\Delta b_{1ij}^l \in [-\tilde{b}_{ij}^l, \tilde{b}_{ij}^l]$。

注释 3.5　类似于非确定性参数 Δa_{0ij}^0 和 Δb_{0ij}^l，非确定性参数 Δa_{1ij}^0 和 Δb_{1ij}^l 同样也是依赖于响应系统状态的。一般地，参数 Δa_{1ij}^0 和 Δb_{1ij}^l 可能不一定同时达到它们的最大值和最小值。用以下表达式来分别表示这两个非确定性参数：$\Delta a_{1ij}^0 = e_i^0(t) \tilde{a}_{ij}^0$，$\Delta b_{1ij}^l = e_i^l(t) \tilde{b}_{ij}^l$，其中，$e_i^0(t)$，$e_i^l(t) \in [-1,1]$。容易理解 Δa_{1ij}^0 和 Δb_{1ij}^l 将分别与 Δa_{0ij}^0 和 Δb_{0ij}^l 对应不同，因为它们都是状态依赖的，但驱动系统和响应系统的初始状态一般情况下是不同的。这就是产生参数不匹配问题的原因，也就意味着传统的健壮分析技术无法直接被应用到这里来研究带非确定性参数的多边复杂动态网络的渐近同步和有限时间同步问题。

进而，将带脉冲扰动的(3-8)数学模型重写为以下的向量紧凑形式：

$$\dot{y}(t) = -Cy(t) + (A^0 + \Delta A_1^0(t))\bar{g}(y(t)) +$$

$$\sum_{l=1}^m (B^l + \Delta B_1^l(t))g(y(t-\tau_l(t))) + J(t) + u(t), t \neq t_k,$$

且

$$\Delta y(t) = y(t_k^+) - y(t_k^-) = B_k e(t), t = t_k,$$

$$y(t_0^+) = y(0), \tag{3-9}$$

其中，$y(t) = (y_1(t), y_2(t), \cdots, y_N(t))^{\mathrm{T}}$。

将驱动系统和响应系统的同步误差定义为 $e(t) = y(t) - x(t)$，因此，驱动系统(3-6)和响应系统(3-9)的误差系统可计算得到如下：

$$\dot{e}(t) = -Ce(t) + (A^0 + \Delta A_1^0(t))f_1(e(t)) +$$

$$\sum_{l=1}^m (B^l + \Delta B_1^l(t))f_2(e(t-\tau_l(t))) + (\Delta A_1^0(t) - \Delta A_0^0(t))\bar{g}(x(t)) +$$

$$\sum_{l=1}^m (\Delta B_1^l(t) - \Delta B_0^l(t))g(x(t-\tau_l(t))) + J(t) - I(t) + u(t), t \neq t_k,$$

且

$$e(t_k^+) = y(t_k^+) - x(t_k^+) = y(t_k) - x(t_k) + B_k e(t_k)$$

$$= (I + B_k)e(t_k), t = t_k, \tag{3-10}$$

其中，$f_1(e(\cdot)) = \bar{g}(e(\cdot) + x(\cdot)) - \bar{g}(x(\cdot))$，且 $f_2(e(\cdot)) = g(e(\cdot) + x(\cdot)) - g(x(\cdot))$。

本章同时也探究通过间歇控制器控制带时变时延多边忆阻切变网络的有限时间同步问题和渐近同步问题。如果将网络模型(3-2)视为驱动系统，那么对应的带间歇控制响应系统数学模型给定如下：

$$\dot{y}_i(t) = -c_i y_i(t) + \sum_{j=1}^N a_{ij}^0(y_i(t))\bar{g}_j(y_j(t)) +$$

$$\sum_{j=1}^{N} b_{ij}^{1}(y_i(t)) g_j(y_j(t - \tau_1(t))) + \cdots +$$

$$\sum_{j=1}^{N} b_{ij}^{m}(y_i(t)) g_j(y_j(t - \tau_m(t))) + I_i(t) + u_i(t)$$

$$= -c_i y_i(t) + \sum_{j=1}^{N} a_{ij}^{0}(y_i(t)) \bar{g}_j(y_j(t)) +$$

$$\sum_{l=1}^{m} \sum_{j=1}^{N} b_{ij}^{l}(y_i(t)) g_j(y_j(t - \tau_l(t))) + I_i(t) + u_i(t),$$

$$(3-11)$$

其中,$I_i(t)$ 是响应系统第 i 个节点的外部输入;$i = 1,2,\cdots,N$;响应系统的初始条件给定为:$y_i(t) = \varphi_i'(t) \in C([-\tau,0],R)$;$u_i(t)$ 是为响应系统设计的间隙控制器表达项;网络模型(3-7)和(3-11)除了应用环境不同之外,其中采用的相同符号的意义被视作对应相同的。

类似于对驱动系统的预处理操作,这里将响应系统模型(3-11)也转换成一类带非确定性参数和多边复杂动态网络模型形式:

$$\dot{y}_i(t) = -c_i y_i(t) + \sum_{j=1}^{N} (a_{ij}^{0} + \Delta a_{1ij}^{0}) \bar{g}_j(y_j(t)) +$$

$$\sum_{l=1}^{m} \sum_{j=1}^{N} (b_{ij}^{l} + \Delta b_{1ij}^{l}) g_j(y_j(t - \tau_l(t))) + I_i(t) + u_i(t), \quad (3-12)$$

其中,$\Delta a_{1ij}^{0} \in [-\tilde{a}_{ij}^{0}, \tilde{a}_{ij}^{0}]$,$\Delta b_{1ij}^{l} \in [-\tilde{b}_{ij}^{l}, \tilde{b}_{ij}^{l}]$。

注释 3.6 在注释 3.5 中给出的相关关键信息对网络模型(3-11)相关参数具有相同意义的限制,因为在网络模型(3-7)和(3-11)中相同符号表示的意义相同,这里为了避免赘述不再重写一遍注释 3.5。

接着,将带间歇控制的网络模型(3-12)重写成以下向量紧凑形式:

$$\dot{y}(t) = -Cy(t) + (A^0 + \Delta A_1^0(t)) \bar{g}(y(t)) +$$

$$\sum_{l=1}^{m} (B^l + \Delta B_1^l(t)) g(y(t - \tau_l(t))) + I(t) + u(t), \quad (3-13)$$

其中,$y(t) = (y_1(t), y_2(t), \cdots, y_N(t))^{\mathrm{T}}$。

将驱动系统和响应系统的同步误差定义为 $e(t) = y(t) - x(t)$,因此,驱动系统(3-6)和响应系统(3-13)的误差系统可计算得到如下:

$$\dot{e}(t) = -Ce(t) + (A^0 + \Delta A_1^0(t)) f_1(e(t)) +$$

$$\sum_{l=1}^{m} (B^l + \Delta B_1^l(t)) f_2(e(t - \tau_l(t))) +$$

$$(\Delta A_1^0(t) - \Delta A_0^0(t)) \bar{g}(x(t)) + \sum_{l=1}^{m} (\Delta B_1^l(t) -$$

$$\Delta B_0^l(t)) g(x(t - \tau_l(t))) + u(t),$$

$$(3-14)$$

其中 $,f_1(e(\,\cdot\,)) = \bar{g}(e(\,\cdot\,) + x(\,\cdot\,)) - \bar{g}(x(\,\cdot\,))$，且 $f_2(e(\,\cdot\,)) = g(e(\,\cdot\,) + x(\,\cdot\,)) - g(x(\,\cdot\,))$。

3.2.2　基础知识描述

在本节中,给定一些证明推导需要使用到的预备基础知识,如假设、引理等。

假设 3.1　假设非确定性参数 $\Delta a_{0ij}^0, \Delta b_{0ij}^l, \Delta a_{1ij}^0$ 和 Δb_{1ij}^l 是时变的且是规范有界的。因此 $,\Delta A_0^0(t)$ 和 $\Delta B_0^l(t)$ 满足如下条件:

$$\begin{cases} \Delta A_0^0(t) = F_1(t)\tilde{A} = G_1 F_1(t) M_1, \\ \Delta B_0^l(t) = F_2^l(t)\tilde{B}^l = G_2 F_2^l(t) M_2。 \end{cases}$$

类似地 $,\Delta A_1^0(t)$ 和 $\Delta B_1^l(t)$ 满足以下条件:

$$\begin{cases} \Delta A_1^0(t) = E_1(t)\tilde{A} = G_1 E_1(t) M_1, \\ \Delta B_1^l(t) = E_2^l(t)\tilde{B}^l = G_2 E_2^l(t) M_2, \end{cases}$$

其中 $,G_i$ 和 $M_i(i=1,2)$ 表示实常数矩阵且这些矩阵为已知或可知的;令 $M_1 = 2\tilde{A}$，且 $M_2 = 2\tilde{B}^l; G_1 = G_2 = \mathrm{diag}\left\{\dfrac{1}{2}, \dfrac{1}{2}, \cdots, \dfrac{1}{2}\right\}$;根据本章非确定性参数 $\Delta a_{0ij}^0, \Delta b_{0ij}^l, \Delta a_{1ij}^0$ 和 Δb_{1ij}^l 的具体限制,$F_1(t) \in [-1,1], F_2^l(t) \in [-1,1], E_1(t) \in [-1,1]$ 和 $E_2^l(t) \in [-1,1]$ 都是未知的实矩阵且为 Lebesgue 范数可测的,同时它们满足以下不等式:

$$F_1^{\mathrm{T}}(t) F_1(t) < I, (F_2^l(t))^{\mathrm{T}} F_2^l(t) < I,$$
$$E_1^{\mathrm{T}}(t) E_1(t) < I, (F_2^l(t))^{\mathrm{T}} E_2^l(t) < I。$$

假设 3.2　假设存在这样的未知常数 $p > 0, q_l > 0(l = 1,2,\cdots,m)$ 满足以下不等式:

$$\|\Delta A_1^0(t) - \Delta A_0^0(t)\| \leqslant p,$$
$$\|\Delta B_1^l(t) - \Delta B_0^l(t)\| \leqslant q_l。$$

假设 3.3　假设激活函数 $g_i(t)(i = 1,2,\cdots,N)$ 是有界的。且对于 $\forall \sigma_1, \sigma_2 \in \mathbf{R}$，该激活函数均满足以下条件限制:

$$0 \leqslant \frac{g_i(\sigma_1) - g_i(\sigma_2)}{\sigma_1 - \sigma_2} \leqslant l_i,$$

或

$$\|g_i(\sigma_1) - g_i(\sigma_2)\| \leqslant l_i \|\sigma_1 - \sigma_2\|,$$

其中 $,l_i > 0$ 是一个是常数,且令 $L = \mathrm{diag}\{l_1, l_2, \cdots, l_N\}$。

注释 3.7　根据混沌信号的有界性和假设 3.3,存在一个正值常数 $l_m = \max\limits_{1 \leqslant i \leqslant N} l_i$

且 $\|x\|\leq\chi$，使得以下不等式限制条件成立：

$$\|\overline{g}(x(t))\|\leq l_m\chi, \|g(x(t-\tau_l(t)))\|\leq l_m\chi,$$

其中，$l=1,2,\cdots,m$。

假设 3.4 假设存在 $\forall x\in\mathbf{R}^n$，$\forall y\in\mathbf{R}^n$ 和 $\forall H\in\mathbf{R}^{n\times n}(H>0)$，使得以下不等式成立：

$$2x^T y\leq x^T Hx+y^T H^{-1}y。$$

引理 3.1[32] 假设实数矩阵 X 和 Y 具有合适的维度；然后，存在一个实数 $\gamma>0$ 满足以下不等式限制：

$$X^T Y+Y^T X\leq\gamma X^T X+\frac{1}{\gamma}Y^T Y。$$

引理 3.2[33] 如果存在一个连续、正定的函数 $V(t)$ 以及两个正值常数 $\eta<1,\alpha$ 满足以下不等式限制：

$$\dot{V}(t)\leq-\alpha V^\eta(t)，\forall t\geq t_0，V(t_0)\geq 0。$$

则对于任意给定的 t_0，以下关于函数 $V(t)$ 的不等式成立：

$$\begin{cases} V^{1-\eta}(t)\leq V^{1-\eta}(t_0)-\alpha(1-\eta)(t-t_0)，t_0\leq t\leq t_1，\\ V(t)\equiv 0，\forall t\geq t_1， \end{cases}$$

其中，t_1 可以通过以下公式计算得到：

$$t_1=t_0+\frac{V^{1-\eta}(t_0)}{\alpha(1-\eta)}。$$

引理 3.3[34] 对于任意给定的向量 $x_1,x_2,\cdots,x_N\in\mathbf{R}^N$ 和一个任意的实数 γ 满足 $0<\gamma<2$，以下不等式是成立的：

$$\|x_1\|^\gamma+\|x_2\|^\gamma+\cdots+\|x_N\|^\gamma\geq(\|x_1\|^2+\|x_2\|^2+\cdots+\|x_N\|^2)^{\frac{\gamma}{2}}。$$

引理 3.4[35] 线性矩阵不等式（LMI）

$$\begin{bmatrix} D(x) & P(x) \\ P^T(x) & W(x) \end{bmatrix}>0,$$

其中，$D^T(x)=D(x)$，$W^T(x)=W(x)$ 且 $P(x)$ 是仿射依赖于 x，这等价于以下不等式：

$$W(x)>0，D(x)-P(x)W^{-1}(x)P^T(x)>0。$$

3.3 自适应反馈控制下的多边忆阻切变网络的有限时间同步控制

在现实世界中存在的各种工作系统时刻要面临各种干扰，因此，研究网络系统的动力学行为和控制策略问题时也需要适当考虑网络工作环境中的干扰因子。在本小节中，将采用自适应反馈控制策略研究带脉冲扰动的多边忆阻切变网络的有限时间同步控制问题和渐近同步控制问题。

为实现驱动系统与响应系统的同步目标，设计提出如下自适应反馈控制策略和参数更新规则：

$$u(t) = -\xi_1 \operatorname{sign}(e(t)) \, |e(t)|^\beta - \xi_2 \frac{e(t)}{\|e(t)\|^2} \left(\sum_{l=1}^{m} \int_{t-\tau_l(t)}^{t} e^{\mathrm{T}}(s) e(s) \mathrm{d}s \right)^{\frac{\beta+1}{2}} -$$

$$l_m \chi \operatorname{sign}(e(t)) \left(p' + \sum_{l=1}^{m} q_l' \right) + I(t) - J(t),$$

$$\dot{p}' = l_m \chi \, |e^{\mathrm{T}}(t)| - \xi_3 \operatorname{sign}(\Delta p) \, |\Delta p|^\beta,$$

$$\dot{q}_l' = l_m \chi \, |e^{\mathrm{T}}(t)| - \xi_3 \operatorname{sign}(\Delta q_l) \, |\Delta q_l|^\beta, \tag{3-15}$$

其中，实数 β 满足不等式 $0 < \beta < 1$；ξ_1, ξ_2 和 ξ_3 都表示正值常数；如果 $e(t) = 0$，那么 $\frac{e(t)}{\|e(t)\|^2} = 0$；对于非确定性边界参数 p 和 q_l，p' 和 q_l' 分别是它们的估计；并且 $\Delta p = p' - p$，$\Delta q_l = q_l' - q_l$；分段函数 $\operatorname{sign}(x)$ 的定义如下：

$$\operatorname{sign}(x) = \begin{cases} -1 & x < 0, \\ 0 & x = 0, \\ 1 & x > 0。 \end{cases}$$

3.3.1　主要结论

通过采用自适应反馈控制策略研究带脉冲扰动的多边忆阻切变网络的有限时间同步控制问题和渐近同步控制问题，主要得到以下一些定理、推论等相关结论。

定理 3.1　令假设 3.1～假设 3.4 均成立，结合引理 3.1～引理 3.4 以及设计的控制法则 (3-15)，如果以下给定的条件成立，那么驱动系统 (3-6) 和响应系统 (3-9) 能够在一个有限稳定时间 t_1 内实现同步目标。需要满足的限制条件给定如下：

$$\begin{pmatrix} \Gamma_0 & A^0 & G_1 & \overline{B} & G_2 \\ * & -\dfrac{2}{r_1} I & 0 & 0 & 0 \\ * & * & -\dfrac{2}{r_1 \|M_1\|^2} I & 0 & 0 \\ * & * & * & -\dfrac{2}{r_2} I & 0 \\ * & * & * & * & -\displaystyle\sum_{l=1}^{m} \dfrac{2}{r_2 \|M_2^l\|^2} I \end{pmatrix} < 0,$$

$$\frac{L^2}{r_2} - (1 - \tau_0)I \leqslant 0,$$

$$\Gamma_0 = mI - C + \frac{L^2}{r_1},$$

$$\overline{B} = [B^1, B^2, \cdots, B^m],$$

$$0 < \tau < \inf_k \{t_{k+1} - t_k\},$$

$$\rho_k = \max\{\|I + B_k\|^2\} \leqslant 1, k \in l,$$

其中,r_1 和 r_2 均为正常数;I 表示单位矩阵。

则驱动系统(3-6)和响应系统(3-9)可在以下有限时间内达到同步状态:

$$t_1 = \frac{V^{1-\eta}(0)}{\xi(1 - \eta)},$$

其中,$\eta = \dfrac{\beta + 1}{2}$,$\xi = \min_{i=1,2,3}\{\xi_i\}$ 且

$$V(0) = \frac{1}{2}e^{\mathrm{T}}(0)e(0) + \sum_{l=1}^{m}\int_{-\tau_l(0)}^{0} e^{\mathrm{T}}(s)e(s)\mathrm{d}s + \frac{1}{2}((p'(0) - p)^2 +$$

$$\sum_{l=1}^{m}(q_l'(0) - q_l)^2)。$$

证明:设计的 Lyapunov 函数为

$$V(t) = \frac{1}{2}e^{\mathrm{T}}(t)e(t) + \sum_{l=1}^{m}\int_{t-\tau_l(t)}^{t} e^{\mathrm{T}}(s)e(s)\mathrm{d}s + \frac{1}{2}\left(\Delta p^2 + \sum_{l=1}^{m}\Delta q_l^2\right)。$$

$$(3-16)$$

为了更便于后面的理论推导过程,对 $V(t)$ 作以下细化定义:

$$V_1(t) = \frac{1}{2}e^{\mathrm{T}}(t)e(t),$$

$$V_2(t) = \sum_{l=1}^{m}\int_{t-\tau_l(t)}^{t} e^{\mathrm{T}}(s)e(s)\mathrm{d}s,$$

$$V_3(t) = \frac{1}{2}\left(\Delta p^2 + \sum_{l=1}^{m}\Delta q_l^2\right)。$$

对于 $t \neq t_k$ 的情况:$V_1(t)$,$V_2(t)$ 和 $V_3(t)$ 沿 $e(t)$ 轨迹的导数推演如下:

$$\dot{V}_1(t) = e^{\mathrm{T}}(t)\dot{e}(t)$$

$$= e^{\mathrm{T}}(t)[-Ce(t) + (A^0 + \Delta A_1^0(t))f_1(e(t)) +$$

$$\sum_{l=1}^{m}(B^l + \Delta B_1^l(t))f_2(e(t - \tau_l(t))) + (\Delta A_1^0(t) -$$

$$\Delta A_0^0(t))\overline{g}(x(t)) + \sum_{l=1}^{m}(\Delta B_1^l(t) - \Delta B_0^l(t))g(x(t - \tau_l(t))) +$$

$$J(t) - I(t) + u(t)]$$

$$= -e^{\mathrm{T}}(t)Ce(t) + e^{\mathrm{T}}(t)(A^0 + \Delta A_1^0(t))f_1(e(t)) +$$

$$e^{\mathrm{T}}(t)\Big[\sum_{l=1}^{m}(B^l + \Delta B_1^l(t))f_2(e(t - \tau_l(t)))\Big] + e^{\mathrm{T}}(t)(\Delta A_1^0(t) -$$

$$\Delta A_0^0(t))\bar{g}(x(t)) + e^{\mathrm{T}}(t)\Big[\sum_{l=1}^{m}(\Delta B_1^l(t) -$$

$$\Delta B_0^l(t))g(x(t - \tau_l(t)))\Big] + e^{\mathrm{T}}(t)\Big[-\xi_1 \mathrm{sign}(e(t))\,|e(t)|^{\beta} -$$

$$\xi_2 \frac{e(t)}{\|e(t)\|^2}\Big(\sum_{l=1}^{m}\int_{t-\tau_l(t)}^{t} e^{\mathrm{T}}(s)e(s)\mathrm{d}s\Big)^{\frac{\beta+1}{2}} - l_m\chi \mathrm{sign}(e(t))$$

$$\Big(p' + \sum_{l=1}^{m}q_l'\Big)\Big]\,. \tag{3-17}$$

为便于处理,对推导结果(3-17)的各项先分别计算推导,然后再重新代入回式(3-17)中。

通过引理3.1,可以得到以下相关结果:

$$\frac{1}{2}2e^{\mathrm{T}}(t)(A^0 + \Delta A_1^0(t))f_1(e(t))$$

$$\leqslant \frac{1}{2}\Big[r_1 e^{\mathrm{T}}(t)A^0(A^0)^{\mathrm{T}}e(t) + \frac{1}{r_1}f_1^{\mathrm{T}}(e(t))f_1(e(t)) +$$

$$r_1 e^{\mathrm{T}}(t)(G_1 E_1(t)M_1)(G_1 E_1(t)M_1)^{\mathrm{T}}e(t) + \frac{1}{r_1}f_1^{\mathrm{T}}(e(t))f_1(e(t))\Big]$$

$$\leqslant \frac{1}{2}e^{\mathrm{T}}(t)\Big[r_1 A^0(A^0)^{\mathrm{T}} + \frac{2}{r_1}L^2 + r_1\|M_1\|^2 G_1 G_1^{\mathrm{T}}\Big]e(t)\,.$$

$$e^{\mathrm{T}}(t)\Big[\sum_{l=1}^{m}(B^l + \Delta B_1^l(t))f_2(e(t - \tau_l(t)))\Big]$$

$$= \frac{1}{2}\Big[\sum_{l=1}^{m}2e^{\mathrm{T}}(t)(B^l + \Delta B_1^l(t))f_2(e(t - \tau_l(t)))\Big]$$

$$\leqslant \frac{1}{2}\sum_{l=1}^{m}\Big[r_2 e^{\mathrm{T}}(t)B^l(B^l)^{\mathrm{T}}e(t) + \frac{1}{r_2}f_2^{\mathrm{T}}(e(t - \tau_l(t)))f_2(e(t - \tau_l(t))) +$$

$$r_2 e^{\mathrm{T}}(t)(G_2 E_2^l(t)M_2^l)(G_2(t)M_2^l)^{\mathrm{T}}e(t) + \frac{1}{r_2}f_2^{\mathrm{T}}(e(t - \tau_l(t)))f_2(e(t - \tau_l(t)))\Big]$$

$$\leqslant \frac{1}{2}\sum_{l=1}^{m}\Big[e^{\mathrm{T}}(t)(r_2 B^l(B^l)^{\mathrm{T}} + r_2\|M_2^l\|^2 G_2 G_2^{\mathrm{T}})e(t) +$$

$$\frac{2}{r_2}e^{\mathrm{T}}(t - \tau_l(t))L^2 e(t - \tau_l(t))\Big]\,.$$

然后,继续处理式(3-17)的其他项如下:

$$e^{\mathrm{T}}(t)\left[\left(\Delta A_1^0(t)-\Delta A_0^0(t)\right)\bar{g}(x(t))+\sum_{l=1}^m\left(\Delta B_1^l(t)-\Delta B_0^l(t)\right)g(x(t-\tau_l(t)))\right]$$

$$\leqslant \|e^{\mathrm{T}}(t)\|pl_m\chi+\sum_{l=1}^m\|e^{\mathrm{T}}(t)\|q_ll_m\chi$$

$$\leqslant \|e^{\mathrm{T}}(t)\|_1 l_m\chi\left(p+\sum_{l=1}^m q_l\right)。$$

所以，可以得到 $\dot{V}_1(t)$ 如下：

$$\dot{V}_1(t)\leqslant -e^{\mathrm{T}}(t)Ce(t)+\frac{1}{2}e^{\mathrm{T}}(t)\left[r_1 A^0({}^{A0})^{\mathrm{T}}+\frac{2}{r_1}L^2+r_1\|M_1\|^2 G_1 G_1^{\mathrm{T}}\right]e(t)+$$

$$\frac{1}{2}\sum_{l=1}^m e^{\mathrm{T}}(t)(r_2 B^l(B^l)^{\mathrm{T}}+r_2\|M_2^l\|^2 G_2 G_2^{\mathrm{T}})e(t)+$$

$$\frac{1}{r_2}e^{\mathrm{T}}(t-\tau_l(t))L^2 e(t-\tau_l(t))+\|e^{\mathrm{T}}(t)\|_1 l_m\chi\left(p+\sum_{l=1}^m q_l\right)-$$

$$l_m\chi\|e^{\mathrm{T}}(t)\|_1\left(p'+\sum_{l=1}^m q'_l\right)-\xi_1|e^{\mathrm{T}}(t)e(t)|^{\frac{\beta+1}{2}}-$$

$$\xi_2\left(\sum_{l=1}^m\int_{t-\tau_l(t)}^t e^{\mathrm{T}}(s)e(s)\mathrm{d}s\right)^{\frac{\beta+1}{2}}。\tag{3-18}$$

接着继续计算推导 $\dot{V}_2(t)$ 和 $\dot{V}_3(t)$ 如下：

$$\dot{V}_2(t)=\sum_{l=1}^m\left[e^{\mathrm{T}}(t)e(t)-(1-\dot{\tau}_l(t))e^{\mathrm{T}}(t-\tau_l(t))e(t-\tau_l(t))\right]$$

$$\leqslant me^{\mathrm{T}}(t)e(t)-(1-\tau_0)\sum_{l=1}^m e^{\mathrm{T}}(t-\tau_l(t))e(t-\tau_l(t)),$$

$$\dot{V}_3(t)=\Delta p\Delta\dot{p}+\sum_{l=1}^m\Delta q_l\Delta\dot{q}_l$$

$$=(p'-p)l_m\chi\|e^{\mathrm{T}}(t)\|_1-\xi_3|\Delta p^2|^{\frac{\beta+1}{2}}+$$

$$\sum_{l=1}^m\left[(q'_l-q_l)l_m\chi\|e^{\mathrm{T}}(t)\|_1-\xi_3|\Delta q_l^2|^{\frac{\beta+1}{2}}\right]。$$

将 $\dot{V}_1(t)$，$\dot{V}_2(t)$ 和 $\dot{V}_3(t)$ 的推导结果相加得到 $\dot{V}(t)$，结合引理 3.3，可以得到以下结果：

$$\dot{V}(t)=\dot{V}_1(t)+\dot{V}_2(t)+\dot{V}_3(t)$$

$$\leqslant e^{\mathrm{T}}(t)\Gamma_1 e(t)+\sum_{l=1}^m e^{\mathrm{T}}(t-\tau_l(t))\Gamma_2 e(t-\tau_l(t))-$$

$$\xi\left[\left\|e^{\mathrm{T}}(t)e(t)\right\|_2^{\frac{\beta+1}{2}}+\left(\sum_{l=1}^m\int_{t-\tau_l(t)}^t e^{\mathrm{T}}(s)e(s)\mathrm{d}s\right)^{\frac{\beta+1}{2}}+$$

$$\left|\frac{1}{2}\Delta p^2\right|^{\frac{\beta+1}{2}}+\sum_{l=1}^m\left|\frac{1}{2}\Delta q_l^2\right|^{\frac{\beta+1}{2}}\right]\leqslant -\xi V^{\frac{\beta+1}{2}}(t),\tag{3-19}$$

其中，$\xi = \min\limits_{i=1,2,3}\{\xi_i\}$，且

$$\Gamma_1 = mI - C + \frac{1}{r_1}L^2 + \frac{r_1}{2}\left(A^0(A^0)^{\mathrm{T}} + \|M_1\|^2 G_1 G_1^{\mathrm{T}}\right) +$$

$$\frac{1}{2}\sum_{l=1}^{m}\left(r_2 B^l(B^l)^{\mathrm{T}} + r_2\|M_2^l\|^2 G_2 G_2^{\mathrm{T}}\right) \leqslant 0,$$

$$\Gamma_2 = \frac{L^2}{r_2} - (1 - \tau_0)I \leqslant 0。$$

令 $\eta = \dfrac{\beta+1}{2}$，上面的推导结果隐含以下不等式：

$$V^{1-\eta}(t) \leqslant V^{1-\eta}(t_{k-1}^+) - \xi(1-\eta)(t - t_{k-1}), t \in (t_{k-1}, t_k], k \in l。 \quad (3\text{-}20)$$

接下来考虑 $t = t_k$ 的情况，$e(t_k^+) = (I + B_k)e(t)$。在定理 3.1 给定限制条件 $\rho_k = \max\limits_{k \in l}(\|I + B_k\|^2)$，可以得到以下推导过程：

$$V(t_k^+) = \frac{1}{2}e^{\mathrm{T}}(t)(I + B_k)^{\mathrm{T}}(I + B_k)e(t) +$$

$$\sum_{l=1}^{m}\int_{t-\tau_l(t)}^{t} e^{\mathrm{T}}(s)(I + B_k)^{\mathrm{T}}(I + B_k)e(s)\mathrm{d}s + \frac{1}{2}\left(\Delta p^2 + \sum_{l=1}^{m}\Delta q_l^2\right)$$

$$\leqslant \rho_k\left[\frac{1}{2}e^{\mathrm{T}}(t)e(t) + \sum_{l=1}^{m}\int_{t-\tau_l(t)}^{t} e^{\mathrm{T}}(s)e(s)\mathrm{d}s\right] + \frac{1}{2}\left(\Delta p^2 + \sum_{l=1}^{m}\Delta q_l^2\right)$$

$$\leqslant V(t_k)。 \quad (3\text{-}21)$$

综合考虑 $t \neq t_k$ 和 $t = t_k$ 的推导结果 (3-20) 和 (3-21)，可以得到以下不等式：

$$V^{1-\eta}(t) \leqslant V^{1-\eta}(t_0^+) - \xi(1-\eta)(t - t_0)。 \quad (3\text{-}22)$$

式 (3-22) 的推导过程：

令 $k = 1$，式 (3-20) 可写成以下具体不等式：

$$V^{1-\eta}(t) \leqslant V^{1-\eta}(t_0^+) - \xi(1-\eta)(t - t_0),$$

$$t \in (t_0, t_1]。$$

因此，当 $t = t_1$ 时，可以得到如下不等式：

$$V^{1-\eta}(t_1) \leqslant V^{1-\eta}(t_0^+) - \xi(1-\eta)(t_1 - t_0)。$$

根据式 (3-21)，可以得到如下不等式：

$$V^{1-\eta}(t_1^+) \leqslant V^{1-\eta}(t_1) \leqslant V^{1-\eta}(t_0^+) - \xi(1-\eta)(t_1 - t_0)。$$

类似地，令 $k = 2$，可以得到如下不等式：

$$V^{1-\eta}(t) \leqslant V^{1-\eta}(t_1^+) - \xi(1-\eta)(t - t_1)$$

$$\leqslant V^{1-\eta}(t_0^+) - \xi(1-\eta)(t_1 - t_0) - \xi(1-\eta)(t - t_1)$$

$$\leqslant V^{1-\eta}(t_0^+) - \xi(1-\eta)(t - t_0),$$

$$t \in (t_1, t_2]。$$

然后，考虑更一般化的情况，对于任意给定的正实数 i，令 $k = i + 1$，可推导得到

如下结果：

$$V^{1-\eta}(t) \leqslant V^{1-\eta}(t_i^+) - \xi(1-\eta)(t-t_i)$$
$$\leqslant V^{1-\eta}(t_{i-1}^+) - \xi(1-\eta)(t_i-t_{i-1}) - \xi(1-\eta)(t-t_i)$$
$$= V^{1-\eta}(t_{i-1}^+) - \xi(1-\eta)(t-t_{i-1})$$
$$\leqslant V^{1-\eta}(t_{i-2}^+) - \xi(1-\eta)(t_{i-1}-t_{i-2}) - \xi(1-\eta)(t-t_{i-1})$$
$$= V^{1-\eta}(t_{i-2}^+) - \xi(1-\eta)(t-t_{i-2})$$
$$\vdots$$
$$\leqslant V^{1-\eta}(t_0^+) - \xi(1-\eta)(t_1-t_0) - \xi(1-\eta)(t-t_0)$$
$$= V^{1-\eta}(t_0^+) - \xi(1-\eta)(t-t_0),$$
$$t \in (t_i, t_{i+1}]_\circ$$

所以得到：

$$V^{1-\eta}(t) \leqslant V^{1-\eta}(t_0^+) - \xi(1-\eta)(t-t_0)_\circ$$

综合上面的推导结果，根据引理 3.2，可知在网络受脉冲扰动影响下带时变时延的多边忆阻切变网络系统通过设计的对应控制器控制可以实现有限时间同步目标。并且，有限稳定时间可以通过以下计算公式计算确定：

$$t_1 = \frac{V^{1-\eta}(0)}{\xi(1-\eta)},$$

其中，$\eta = \dfrac{\beta+1}{2}$，$\xi = \min\limits_{i=1,2,3}\{\xi_i\}$。

定理 3.1 证毕。

注释 3.8 如果降低控制器的限制强度，那么同样可以实现驱动系统(3-6)和响应系统(3-9)的同步目标，而且可以降低控制成本。当采用以下控制法则时：

$$u(t) = -\xi_1 \mathrm{sign}(e(t)) \mid e(t) \mid^\beta - \xi_2 \frac{e(t)}{\parallel e(t) \parallel^2} \left(\sum_{l=1}^m \int_{t-\tau_l(t)}^t e^{\mathrm{T}}(s)e(s)\mathrm{d}s \right)^{\frac{\beta+1}{2}} -$$

$$l_m\chi \mathrm{sign}(e(t)) \left(p' + \sum_{l=1}^m q_l' \right) + I(t) - J(t),$$

$$\dot{p}' = l_m\chi \mid e^{\mathrm{T}}(t) \mid - \xi_3 \mathrm{sign}(\Delta p) \mid \Delta p \mid^\beta,$$

$$\dot{q}_l' = l_m\chi \mid e^{\mathrm{T}}(t) \mid - \xi_3 \mathrm{sign}(\Delta q_l) \mid \Delta q_l \mid^\beta,$$

$$\xi_1\xi_2 = 0,$$

$$\xi_1 \oplus \xi_2 = 1, \tag{3-23}$$

其中，$\oplus$ 表示"异或"运算。

采用上面给出的控制法则可以得到推论 3.1。

推论 3.1 令假设 3.1 ~ 假设 3.4 均成立，结合引理 3.1 ~ 引理 3.4 以及设计的控制法则(3-23)，如果定理 3.1 中给定的所有限制条件在这里同样得到满足，则驱动系统(3-6)和响应系统(3-9)在控制器作用下实现渐近同步目标。

证明:推论 3.1 中构建和定理 3.1 中相同的 Lyapunov 函数。由于推论 3.1 的证明过程与定理 3.1 的证明过程非常相近,因此,这里省略证明过程。

3.3.2 仿真实验

为了证明本节提出的方法的可行性和研究成果的正确性,设计合适的数值仿真实验进行验证。下面给出一个包括两个节点,具有两重边的忆阻切变网络模型:

$$\dot{x}_i(t) = -c_i x_i(t) + \sum_{j=1}^{2} a_{ij}^0(x_i(t))\bar{g}_j(x_j(t)) +$$

$$\sum_{l=1}^{2}\sum_{j=1}^{2} b_{ij}^l(x_i(t)) g_j(x_j(t-\tau_l(t))) + I_i(t), i = 1,2, \qquad (3-24)$$

其中,$\bar{g}_j(x_j(t)) = g_j(x_j(t)) = \tan h(x_j(t))$;$c_1 = 15, c_2 = 18$;$\tau_1(t) = 0.1|\cos t|$,$\tau_2(t) = 0.1|\sin t|$;因此可知,$\tau = 0.1, \tau_0 = 0.1$;基于网络状态的切换系数给定如下:

$$a_{11}^0(\sigma)\begin{cases} 2 & |\sigma| \leq 1, \\ 1.8 & |\sigma| > 1, \end{cases} \qquad a_{12}^0(\sigma) = \begin{cases} -0.1 & |\sigma| \leq 1, \\ -0.08 & |\sigma| > 1, \end{cases}$$

$$a_{21}^0(\sigma)\begin{cases} -1.8 & |\sigma| \leq 1, \\ -2 & |\sigma| > 1, \end{cases} \qquad a_{22}^0(\sigma) = \begin{cases} 2.8 & |\sigma| \leq 1, \\ 3 & |\sigma| > 1, \end{cases}$$

$$b_{11}^1(\sigma)\begin{cases} -1.5 & |\sigma| \leq 1, \\ -1.3 & |\sigma| > 1, \end{cases} \qquad b_{12}^1(\sigma) = \begin{cases} -0.1 & |\sigma| \leq 1, \\ -0.05 & |\sigma| > 1, \end{cases}$$

$$b_{21}^1(\sigma)\begin{cases} -0.15 & |\sigma| \leq 1, \\ -0.2 & |\sigma| > 1, \end{cases} \qquad b_{22}^1(\sigma) = \begin{cases} -2.3 & |\sigma| \leq 1, \\ -2.5 & |\sigma| > 1, \end{cases}$$

$$b_{11}^2(\sigma)\begin{cases} -1.6 & |\sigma| \leq 1, \\ -1.4 & |\sigma| > 1, \end{cases} \qquad b_{12}^2(\sigma) = \begin{cases} 0.2 & |\sigma| \leq 1, \\ 0.15 & |\sigma| > 1, \end{cases}$$

$$b_{21}^2(\sigma)\begin{cases} -0.15 & |\sigma| \leq 1, \\ -0.25 & |\sigma| > 1, \end{cases} \qquad b_{22}^2(\sigma) = \begin{cases} -2.25 & |\sigma| \leq 1, \\ -2.45 & |\sigma| > 1. \end{cases}$$

根据上面给出的切变系数的具体取值分段函数,可以计算得到以下矩阵情况:

$$A^0 = \begin{bmatrix} 1.9 & -0.09 \\ -1.9 & 2.9 \end{bmatrix}, \quad B^1 = \begin{bmatrix} -1.4 & -0.075 \\ -0.175 & -2.4 \end{bmatrix}, \quad B^2 = \begin{bmatrix} -1.5 & 0.175 \\ -0.2 & -2.35 \end{bmatrix},$$

$$\tilde{A} = \begin{bmatrix} 0.1 & 0.01 \\ 0.1 & 0.1 \end{bmatrix}, \quad \tilde{B}^1 = \begin{bmatrix} 0.1 & 0.025 \\ 0.025 & 0.1 \end{bmatrix}, \quad \tilde{B}^2 = \begin{bmatrix} 0.1 & 0.025 \\ 0.05 & 0.1 \end{bmatrix},$$

$$M_1 = \begin{bmatrix} 0.2 & 0.02 \\ 0.2 & 0.2 \end{bmatrix}, \quad M_2^1 = \begin{bmatrix} 0.2 & 0.05 \\ 0.05 & 0.2 \end{bmatrix}, \quad M_2^2 = \begin{bmatrix} 0.2 & 0.05 \\ 0.1 & 0.2 \end{bmatrix},$$

$$G_1 = \begin{bmatrix} 0.5 & 0 \\ 0 & 0.5 \end{bmatrix}, \quad G_2 = \begin{bmatrix} 0.5 & 0 \\ 0 & 0.5 \end{bmatrix}, \quad L = \begin{bmatrix} 1 & 0 \\ 0 & 1 \end{bmatrix}.$$

将式(3-24)视为驱动系统,相应的带脉冲扰动的响应系统的网络模型给定如

下,网络包含两个网络节点,具备两重边:

$$\dot{y}_i(t) = -c_i y_i(t) + \sum_{j=1}^{2} a_{ij}^{0}(y_i(t)) \bar{g}_j(y_j(t)) +$$

$$\sum_{l=1}^{2} \sum_{j=1}^{2} b_{ij}^{l}(y_i(t)) g_j(y_j(t-\tau_l(t))) + J_i(t) + u_i(t), t \neq t_k,$$

且

$$\Delta y_i(t) = y_i(t_k^+) - y_i(t_k^-) = B_{ik} e_i(t), t = t_k,$$
$$y_i(t_0^+) = y_i(0), k \in l, \tag{3-25}$$

其中,$B_{ik} = -0.2; i = 1, 2$。

根据 LMI 工具箱,可计算获得 $r_1 = 0.12$ 且 $r_2 = 1.15$。在数值仿真实验中参数 l_m 和 χ 取值为 $l_m = 1, \chi = 15$。驱动系统(3-24)和响应系统(3-25)的初始状态条件给定如下:$x(0) = (0.5, -6.25)^{\mathrm{T}}$ 且 $y(0) = (3.7, -3.4)$。仿真中驱动系统和响应系统采用的外部输入情况如下:$I_1(t) = 0.9\sin t, I_2(t) = 2.5\sin t, J_1(t) = -1.6\sin t$ 且 $J_2(t) = -0.5\sin t$。并且,$\xi_1 = 7.6, \xi_2 = 5.5, \xi_3 = 0.5, \beta = 0.2$。$p'(0) = q_1'(0) = q_2'(0) = 10, p = 3.5, q_1 = 5, q_2 = 2.5$。

根据以上给定的参数仿真取值情况,定理 3.1 的需要满足的条件均得到满足。计算得到有限稳定时间 $t_1 = 27.7808$。通过 MATLAB 软件仿真,驱动系统(3-24)和响应系统(3-25)不带控制器输入时的状态变量随时间变化和相位曲线如图 3-3 所示,驱动系统(3-24)和响应系统(3-25)带控制器输入(3-15)时的状态变量随时间变化和相位曲线如图 3-4 所示。图 3-5 显示了误差系统(3-10)在不带控制器输入和带控制输入时对应的误差变化曲线。

分析比较图 3-3 和图 3-4 可以知道,当没有控制输入时,系统状态轨迹随时间一直在变化且驱动系统和响应系统的状态轨迹图一直没有同步,但从图 3-4 中可以看到在有控制器作用时驱动系统和响应系统实现了同步,并且同步的时间比理论有限时间更小。从图 3-5 可以看到,误差轨迹在控制器作用下收敛并稳定了,收敛时间也比理论有限时间更小。因此综合分析可以验证得到定理 3.1 的有效性和正确性。

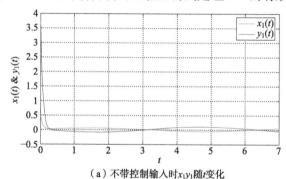

(a)不带控制输入时 $x_1 y_1$ 随 t 变化

图 3-3 不带控制输入时系统状态变量随时间的变化情况及相位曲线图

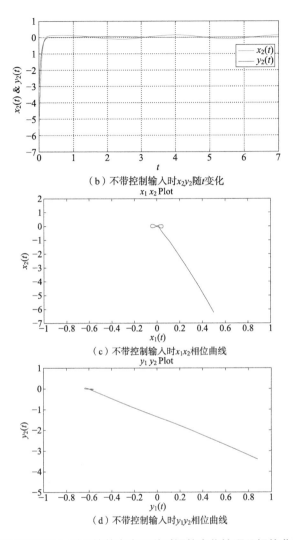

（b）不带控制输入时 $x_2 y_2$ 随 t 变化

（c）不带控制输入时 $x_1 x_2$ 相位曲线

（d）不带控制输入时 $y_1 y_2$ 相位曲线

图3-3　不带控制输入时系统状态变量随时间的变化情况及相位曲线图（续）

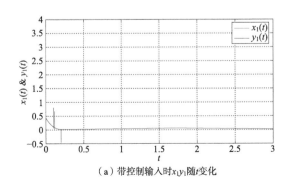

（a）带控制输入时 $x_1 y_1$ 随 t 变化

图3-4　带控制输入时系统状态变量随时间的变化情况及相位曲线图

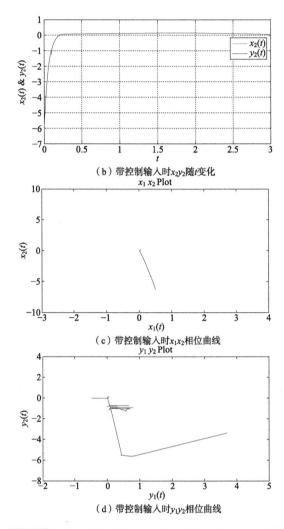

（b）带控制输入时x_2y_2随t变化

（c）带控制输入时x_1x_2相位曲线

（d）带控制输入时y_1y_2相位曲线

图3-4　带控制输入时系统状态变量随时间的变化情况及相位曲线图（续）

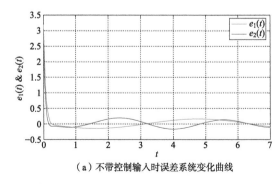

（a）不带控制输入时误差系统变化曲线

图3-5　误差系统（3-10）在不带控制器和带控制器（3-15）时对应的变化情况

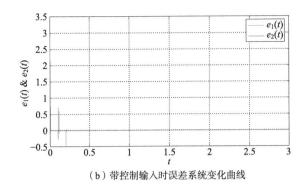

（b）带控制输入时误差系统变化曲线

图 3-5　误差系统（3-10）在不带控制器和带控制器（3-15）时对应的变化情况（续）

 3.4　间歇自适应控制下多边忆阻切变网络的

有限时间同步控制

在现实生活、生产活动中，人们通常希望能够尽量节省投入成本而实现目标，或者在一些场景下无法提供大量控制成本时，如何适当降低控制成本而仍然实现预期目标成了一个备受关注的问题研究。本节将采用间歇控制策略研究带时变时延的多边忆阻切变网络的有限时间同步控制问题和渐近同步控制问题。间隙控制策略可以一定程度上降低控制成本而不影响同步目标的实现。本章设计提出如下的参数更新规则和间歇控制法则：

$$u(t) = -\bar{r}e(t) - \xi\operatorname{sign}(e(t))\mid e(t)\mid^{\beta} - \xi\frac{e(t)}{\parallel e(t)\parallel^2}\left(\sum_{l=1}^{m}\int_{t-\tau_l(t)}^{t}e^{\mathrm{T}}(s)e(s)\mathrm{d}s\right)^{\frac{\beta+1}{2}},$$

$$\dot{p}' = \frac{-p}{\Delta p}l_m\chi\parallel e^{\mathrm{T}}(t)\parallel - \xi\operatorname{sign}(\Delta p)\mid\Delta p\mid^{\beta},$$

$$\dot{q}_l' = \frac{-q_l}{\Delta q_l}l_m\chi\parallel e^{\mathrm{T}}(t)\parallel - \xi\operatorname{sign}(\Delta q_l)\mid\Delta q_l\mid^{\beta},$$

$$LT \leqslant t < LT + \delta T;$$

$$u(t) = 0, LT + \delta T \leqslant t < (L+1)T;$$

$$(3\text{-}26)$$

其中，$0 < \delta < 1$；$L \in \mathbf{N}$；控制周期 $T > 0$；控制增益 $\bar{r}$ 是一个正值常数；而且 ξ 也代表一个正值常数；如果 $e(t) = 0$，那么 $\frac{e(t)}{\parallel e(t)\parallel^2} = 0$；其他与式（3-15）中相同的符号均表示相同的意义。

3.4.1 主要结论

通过采用间歇反馈控制策略研究带时变时延的多边忆阻切变网络的有限时间同步控制问题和渐近同步控制问题，主要得到以下一些定理、推论等相关结论。

定理3.2 令假设3.1~假设3.4均成立，结合引理3.1~引理3.4以及设计的间隙自适应控制法则(3-26)，如果以下给定的条件成立，那么驱动系统(3-6)和响应系统(3-13)能够在一个有限稳定时间 t_2 内实现同步目标。需要满足的限制条件给定如下：

$$
\begin{bmatrix}
\Gamma_j^0 & A^0 & G_1 & \overline{B} & G_2 \\
* & -\dfrac{2}{r_1}I & 0 & 0 & 0 \\
* & * & -\dfrac{2}{r_1\|M_1\|^2}I & 0 & 0 \\
* & * & * & -\dfrac{2}{r_2}I & 0 \\
* & * & * & * & -\sum_{l=1}^{m}\dfrac{2}{r_2\|M_2^l\|^2}I
\end{bmatrix} < 0, j=\{1,2\},
$$

$$
\frac{L^2}{r_2} - (1 - \tau_0)I \leqslant 0,
$$

$$
\Gamma_1^0 = mI - C + \frac{L^2}{r_1},
$$

$$
\Gamma_2^0 = (m - \overline{r})I - C + \frac{L^2}{r_1},
$$

$$
\overline{B} = [B^1, B^2, \cdots, B^m],
$$

$$
0 < \tau < \inf_k\{t_{k+1} - t_k\},
$$

$$
\rho_k = \max\{\|I + B_k\|^2\} \leqslant 1, k \in l
$$

其中，参数 r_1 和 r_2 均为正值常数；I 表示单位矩阵。

然后，驱动系统(3-6)和响应系统(3-13)可以在间歇自适应控制法则控制下在有限稳定时间 t_2 内实现网络同步目标。t_2 的计算公式如下：

$$
t_2 = \frac{V^{1-\eta}(0)}{\xi(1 - \eta)},
$$

其中，$\eta = \dfrac{\beta + 1}{2}$；$V(0)$ 与定理3.1中的 $V(0)$ 相同计算。

证明：这里构造的 Lyapunov 函数为

$$V(t) = V_1(t) + V_2(t) + V_3(t),$$

其中，

$$V_1(t) = \frac{1}{2} e^{\mathrm{T}}(t) e(t),$$

$$V_2(t) = \sum_{l=1}^{m} \int_{t-\tau_l(t)}^{t} e^{\mathrm{T}}(s) e(s) \,\mathrm{d}s,$$

$$V_3(t) = \frac{1}{2} \left(\Delta p^2 + \sum_{l=1}^{m} \Delta q_l^2 \right)_{\circ}$$

在带控制的时间段内，即 $LT \leqslant t < LT + \delta T$，$V_1(t)$，$V_2(t)$ 和 $V_3(t)$ 沿误差系统 $e(t)$ 轨迹的导数计算如下：

结合定理 3.1 的证明过程，可以比较容易地直接获得以下结果：

$$\dot{V}_1(t) \leqslant -e^{\mathrm{T}}(t)\bar{r}e(t) - e^{\mathrm{T}}(t) C e(t) + \frac{1}{2} e^{\mathrm{T}}(t) \left[r_1 A^0 (A^0)^{\mathrm{T}} + \frac{2}{r_1} L^2 + \right.$$

$$\left. r_1 \| M_1 \|^2 G_1 G_1^{\mathrm{T}} \right] e(t) + \frac{1}{2} \sum_{l=1}^{m} e^{\mathrm{T}}(t) \left(r_2 B^l (B^l)^{\mathrm{T}} + r_2 \| M_2^l \|^2 G_2 G_2^{\mathrm{T}} \right) e(t) +$$

$$\frac{1}{r_2} e^{\mathrm{T}}(t - \tau_l(t)) L^2 e(t - \tau_l(t)) + \| e^{\mathrm{T}}(t) \| l_m \chi \left(p + \sum_{l=1}^{m} q_l \right) -$$

$$\xi | e^{\mathrm{T}}(t) e(t) |^{\frac{\beta+1}{2}} - \xi \left(\sum_{l=1}^{m} \int_{t-\tau_l(t)}^{t} e^{\mathrm{T}}(s) e(s) \,\mathrm{d}s \right)^{\frac{\beta+1}{2}},$$

$$\dot{V}_2(t) = \sum_{l=1}^{m} \left[e^{\mathrm{T}}(t) e(t) - (1 - \dot{\tau}_l(t)) e^{\mathrm{T}}(t - \tau_l(t)) e(t - \tau_l(t)) \right]$$

$$\leqslant m e^{\mathrm{T}}(t) e(t) - (1 - \tau_0) \sum_{l=1}^{m} e^{\mathrm{T}}(t - \tau_l(t)) e(t - \tau_l(t)),$$

$$\dot{V}_3(t) = \Delta p \Delta \dot{p} + \sum_{l=1}^{m} \Delta q_l \Delta \dot{q}_l$$

$$= - p l_m \chi \| e^{\mathrm{T}}(t) \| - \xi | \Delta p^2 |^{\frac{\beta+1}{2}} + \sum_{l=1}^{m} \left[- q_l l_m \chi \| e^{\mathrm{T}}(t) \| - \xi | \Delta q_l^2 |^{\frac{\beta+1}{2}} \right]_{\circ}$$

然后，累加这三项结果即可得到 $\dot{V}(t)$ 如下：

$$\dot{V}(t) = \sum_{i=1}^{3} \dot{V}_i(t)$$

$$\leqslant e^{\mathrm{T}}(t) \Gamma_3 e(t) + \sum_{l=1}^{m} e^{\mathrm{T}}(t - \tau_l(t)) \Gamma_4 e(t - \tau_l(t)) -$$

$$\xi \left[\left\| e^{\mathrm{T}}(t) e(t) \right\|^{\frac{\beta+1}{2}} + \left(\sum_{l=1}^{m} \int_{t-\tau_l(t)}^{t} e^{\mathrm{T}}(s) e(s) \,\mathrm{d}s \right)^{\frac{\beta+1}{2}} + \right.$$

$$\left. \left| \frac{1}{2} \Delta p^2 \right|^{\frac{\beta+1}{2}} + \sum_{l=1}^{m} \left| \frac{1}{2} \Delta q_l^2 \right|^{\frac{\beta+1}{2}} \right]$$

$$\leqslant -\xi V^{\frac{\beta+1}{2}}(t),$$

其中，

$$\Gamma_3 = (m-\bar{r})I - C + \frac{1}{r_1}L^2 + \frac{r_1}{2}(A^0(A^0)^{\mathrm{T}} + \|M_1\|^2 G_1 G_1^{\mathrm{T}}) +$$

$$\frac{1}{2}\sum_{l=1}^{m}(r_2 B^l(B^l)^{\mathrm{T}} + r_2\|M_2^l\|^2 G_2 G_2^{\mathrm{T}}) \leqslant 0,$$

$$\Gamma_4 = \frac{L^2}{r_2} - (1-\tau_0)I \leqslant 0。$$

在不带控制的时间段内，即 $LT + \delta T \leqslant t < (L+1)T$。由于 $V_1(t)$，$V_2(t)$ 和 $V_3(t)$ 沿误差系统 $e(t)$ 轨迹的导数与带控制时间段内的计算比较类似，因此这里不再重复陈述，直接给出不带控制时间段内 $\dot{V}(t)$ 的结果如下：

$$\dot{V}(t) = \sum_{i=1}^{3}\dot{V}_i(t)$$

$$\leqslant e^{\mathrm{T}}(t)\Gamma_5 e(t) + \sum_{l=1}^{m} e^{\mathrm{T}}(t-\tau_l(t))\Gamma_6 e(t-\tau_l(t)) - \xi\left[\left|\frac{1}{2}\Delta p^2\right|^{\frac{\beta+1}{2}} + \right.$$

$$\left.\sum_{l=1}^{m}\left|\frac{1}{2}\Delta q_l^2\right|^{\frac{\beta+1}{2}}\right],$$

其中，

$$\Gamma_5 = mI - C + \frac{1}{r_1}L^2 + \frac{r_1}{2}(A^0(A^0)^{\mathrm{T}} + \|M_1\|^2 G_1 G_1^{\mathrm{T}}) +$$

$$\frac{1}{2}\sum_{l=1}^{m}(r_2 B^l(B^l)^{\mathrm{T}} + r_2\|M_2^l\|^2 G_2 G_2^{\mathrm{T}}) \leqslant 0,$$

$$\Gamma_6 = \frac{L^2}{r_2} - (1-\tau_0)I \leqslant 0。$$

当定理 3.2 中给定的条件满足时，容易知道在 $LT + \delta T \leqslant t < (L+1)T$ 时间段内可得到 $\dot{V}(t) \leqslant 0$。

通过以上证明推导内容，根据引理 3.2，驱动系统 (3-6) 和响应系统 (3-13) 在间歇自适应控制器控制下能够在一个有限稳定时间 t_2 内实现同步目标，t_2 的计算公式如下：

$$t_2 = \frac{V^{1-\eta}(0)}{\xi(1-\eta)},$$

其中，$\eta = \dfrac{\beta+1}{2}$。

定理 3.2 证毕。

注释 3.9 如果降低间歇控制法则 (3-26) 的限制强度，依然可以控制驱动系统

(3-6)和响应系统(3-13)实现渐近同步目标。同时也可以实现控制成本的降低。采用以下更低限制强度的间歇控制法则:

$$u(t) = -\bar{r}e(t) - \xi\text{sign}(e(t)) \mid e(t) \mid^{\beta} - \xi'\frac{e(t)}{\|e(t)\|^2}\left(\sum_{l=1}^{m}\int_{t-\tau_l(t)}^{t}e^{\text{T}}(s)e(s)\text{d}s\right)^{\frac{\beta+1}{2}},$$

$$\dot{p}' = \frac{-p}{\Delta p}l_m\chi\|e^{\text{T}}(t)\| - \xi\text{sign}(\Delta p) \mid \Delta p \mid^{\beta},$$

$$\dot{q}'_l = \frac{-q_l}{\Delta q_l}l_m\chi\|e^{\text{T}}(t)\| - \xi\text{sign}(\Delta q_l) \mid \Delta q_l \mid^{\beta},$$

$$\xi\xi' = 0,$$

$$\xi \oplus \xi' = 1,$$

$$LT \leqslant t < LT + \delta T;$$

$$u(t) = 0, LT + \delta T \leqslant t < (L+1)T;$$

$$(3-27)$$

其中,ξ 和 ξ' 均为正值常数;符号$\oplus$表示"异或"运算。

然后,可以得到推论3.2。

推论3.2 令假设3.1~假设3.4均成立,结合引理3.1~引理3.4以及设计的间隙自适应控制法则(3-27),如果定理3.2中要求满足的给定条件在推论3.2中均得到满足,则驱动系统(3-6)和响应系统(3-13)能够实现同步目标。

证明:这里构建的Lyapunov函数和定理3.2中的一样。因此,推论3.2的证明过程与定理3.2的证明过程非常相似,所以,这里不再重复陈述,直接省略推论3.2的证明过程。

3.4.2 仿真实验

为了证明本节提出的方法的可行性和研究成果的正确性,设计合适的数值仿真实验进行验证。如果将式(3-24)视为驱动系统,相应包含两个网络节点,具备两重边的带间歇自适应控制输入的响应系统的网络模型给定如下:

$$\dot{y}_i(t) = -c_iy_i(t) + \sum_{j=1}^{2}a_{ij}^0(y_i(t))\bar{g}_j(y_j(t)) +$$

$$\sum_{l=1}^{2}\sum_{j=1}^{2}b_{ij}^l(y_i(t))g_j(y_j(t-\tau_l(t))) + I_i(t) + u_i(t)。 \quad (3-28)$$

数字仿真中参数取值情况为 $\xi = 10.7, \bar{r} = 15.7, T = 0.5, \delta = 0.55$。驱动系统和响应系统在数值仿真中采用的初始状态值为 $x(0) = (1.5, 1.1)^{\text{T}}, y(0) = (-0.5, 6.8)$。驱动系统和响应系统对应的外部输入情况为 $I_1(t) = 0.6, I_2(t) = -0.6, J_1(t) = 0.6$ 且 $J_2(t) = -0.6$。

根据以上给定的参数仿真取值情况,定理 3.2 的需要满足的给定条件均得到满足。计算得到有限稳定时间 $t_2 = 1.372\ 6$。通过 MATLAB 软件仿真,驱动系统(3-24)和响应系统(3-28)不带控制器输入时的状态变量随时间变化和相位曲线如图 3-6 所示,驱动系统(3-24)和响应系统(3-28)带控制器输入(3-26)时的状态变量随时间变化和相位曲线如图 3-7 所示。图 3-8 给出了误差系统(3-14)在不带控制器输入和带控制输入(3-26)时对应的误差变化曲线。分析比较图 3-6 和图 3-7 可以知道,当没有控制输入时,系统状态轨迹随时间一直在变化且驱动系统和响应系统的状态轨迹图一直没有同步,但从图 3-7 中可以看到在有控制器作用时驱动系统和响应系统实现了同步,并且同步的时间比理论有限时间更小。从图 3-8 可以看到误差轨迹在控制器作用下收敛并稳定了,收敛时间也比理论有限时间更小。因此综合分析可以验证得到定理 3.2 的有效性和正确性。

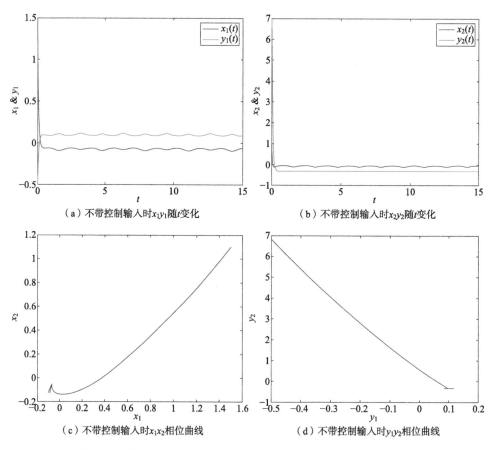

图 3-6　系统(3-24)和(3-28)不带控制输入时系统状态变量随
时间的变化情况及相位曲线

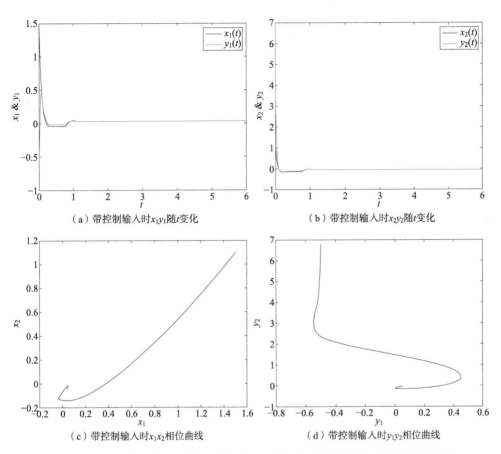

（a）带控制输入时$x_1 y_1$随t变化　　　　　（b）带控制输入时$x_2 y_2$随t变化

（c）带控制输入时$x_1 x_2$相位曲线　　　　　（d）带控制输入时$y_1 y_2$相位曲线

图 3-7　带控制输入（3-26）时系统（3-24）和（3-28）的随 t 变化和相位曲线

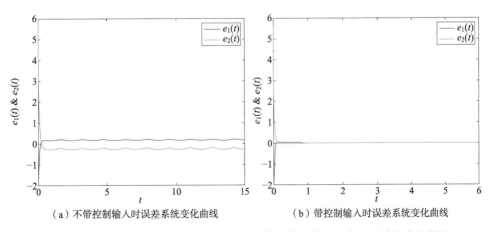

（a）不带控制输入时误差系统变化曲线　　　　　（b）带控制输入时误差系统变化曲线

图 3-8　误差系统（3-14）在不带控制器和带控制器（3-26）时对应的变化情况

参考文献

[1] MERRIKH-BAYAT F,SHOURAKI S B. Memristor-based circuits for performing basic arithmetic operations[J]. Procedia Computer Science,2011,3(1):128-132.

[2] STRUKOV D B,SNIDER G S,STEWART G. R,et al. The missing memristor found[J]. Nature, 2008,453(7191): 80-83.

[3] GUO Z, YANG S, WANG J. Global synchronization of memristive neural networks subject to random disturbances via distributed pinning control[J]. Neural Networks,2016,84:67-79.

[4] WEN S,ZENG Z. Dynamics analysis of a class of memristor-based recurrent networks with time-varying delays in the presence of strong external stimuli[J]. Neural Processing Letters,2012,35 (1):47-59.

[5] WEN S,ZENG Z,Huang T,et la. Exponential adaptive lag synchronization of memristive neural networks via fuzzy method and applications in pseudorandom number generators [J]. IEEE Transactions on Fuzzy Systems,2014,22(6):1704-1713.

[6] WANG G,SHEN Y. Exponential synchronization of coupled memristive neural networks with time delays[J]. Neural Computing & Applications,2014,24(6):1421-1430.

[7] ZHANG G,HU J,SHEN Y. New results on synchronization control of delayed memristive neural networks[J]. Nonlinear Dynamics,2015,81(3):1167-1178.

[8] DING S,WANG Z. Lag quasi-synchronization for memristive neural networks with switching jumps mismatch[J]. Neural Computing & Applications,2017,28(12): 4011-4022.

[9] WANG W,LI L,PENG H,et al. Anti-synchronization of coupled memristive neutral-type neural networks with mixed time-varying delays via randomly occurring control[J]. Nonlinear Dynamics, 2016,83(4):2143-2155.

[10] GUO Z,YANG S,WANG J. Global exponential synchronization of multiple memristive neural networks with time delay via nonlinear coupling[J]. IEEE Transactions on Neural Networks & Learning Systems,2015,26(6):1300-1311.

[11] WANG L,SHEN Y. Design of controller on synchronization of memristor-based neural networks with time-varying delays[J]. Neurocomputing,2015(147):372-379.

[12] HAN X,WU H,FANG B. Adaptive exponential synchronization of memristive neural networks with mixed time-varying delays[J]. Neurocomputing,2016(201):40-50.

[13] WU H,LI R,YAO R,et al. Weak, modified and function projective synchronization of chaotic memristive neural networks with time delays[J]. Neurocomputing,2015(149):667-676.

[14] MATHIYALAGAN K,JU H P,SAKTHIVEL R. Synchronization for delayed memristive BAM neural networks using impulsive control with random nonlinearities[J]. Applied Mathematics & Computation,2015,259(C):967-979.

[15] ZHANG G,SHEN Y. Exponential stabilization of memristor-based chaotic neural networks with time-varying delays via intermittent control [J]. IEEE Transactions on Neural Networks &

Learning Systems,2015,26(7):1431-1441.

[16] YANG S,LI C,HUANG T. Exponential stabilization and synchronization for fuzzy model of memristive neural networks by periodically intermittent control[J]. Neural Networks,2016,75 (C):162-172.

[17] ZHANG W,LI C,HUANG T,et al. Stability and synchronization of memristor-based coupling neural networks with time-varying delays via intermittent control[J]. Neurocomputing,2016,173 (P3):1066-1072.

[18] GUAN W,YI S,QUAN Y. Exponential synchronization of coupled memristive neural networks via pinning control[J]. Chinese Physics B,2013,22(5): 203-212.

[19] LI N,CAO J. New synchronization criteria for memristor-based networks: Adaptive control and feedback control schemes[J]. Neural Networks,2015,61(C):1-9.

[20] ZHAO H,LI L,PENG H,et al. Anti-synchronization for stochastic memristor-based neural networks with non-modeled dynamics via adaptive control approach [J]. European Physical Journal B,2015,88(5):1-10.

[21] CUI X,YU Y,WANG H,et al. Dynamical analysis of memristor-based fractional-order neural networks with time delay[J]. Modern Physics Letters B,2016,30(18):1650271.

[22] CHEN J,ZENG Z,JIANG P. On the periodic dynamics of memristor-based neural networks with time-varying delays[J]. Information Sciences,2014,279(3):358-373.

[23] ZHANG G,SHEN Y. New algebraic criteria for synchronization stability of chaotic memristive neural networks with time-varying delays [J]. IEEE Transactions on Neural Networks and Learning Systems,2013,24(10):1701-1707.

[24] ZHENG M,LI L,PENG H,et al. Finite-time stability and synchronization for memristor-based fractional-order Cohen-Grossberg neural network[J]. European Physical Journal B,2016,89 (9): 1-11.

[25] LI R,WEI H. Synchronization of delayed Markovian jump memristive neural networks with reaction-diffusion terms via sampled data control[J]. International Journal of Machine Learning & Cybernetics,2016,7(1):157-169.

[26] RAKKIYAPPAN R,DHARANI S. Sampled-data synchronization of randomly coupled reaction-diffusion neural networks with Markovian jumping and mixed delays using multiple integral approach[J]. Neural Computing & Applications,2017,28(3): 449-462.

[27] INSTITUTE OF CURRICULUM AND TEACHING MATERIALS. Biological compulsory course 3: the steady state and environment[M]. Beijing: People's Education Press,2015.

[28] WU A,ZENG Z,ZHU X,et al. Exponential synchronization of memristor-based recurrent neural networks with time delays[J]. Neurocomputing,2011,74(17):3043-3050.

[29] JIANG M,WANG S,MEI J,et al. Finite-time synchronization control of a class of memristor-based recurrent neural networks[J]. Neural Networks,2015,63(1):133-140.

[30] WU A,ZENG Z. Exponential stabilization of memristive neural networks with time delays[J]. IEEE Transactions on Neural Networks & Learning Systems,2012,23(12):1919-1929.

[31] ABDURAHMAN A,JIANG H,TENG Z. Finite-time synchronization for memristor-based neural networks with time-varying delays [J]. Neural Networks,2015,69(3/4):20-28.

[32] BOYD S,GHAOUI L E,FERON E,et al. Linear matrix inequalities in system and control theory [M]. Philadelphia: Society for Industrial and Applied Mathematics,1994.

[33] TANG Y. Terminal sliding mode control for rigid robots[J]. Automatica,1998,34(1),51-56.

[34] MEI J, JIANG M, WANG B, et al. Finite-time parameter identification and adaptive synchronization between two chaotic neural networks[J]. Journal of the Franklin Institute,2013, 350(6):1617-1633.

[35] WANG J,JIAN J,YAN P. Finite-Time boundedness analysis of a class of neutral type neural networks with time delays[C]//International Symposium on Neural Networks,2009: 395-404.

第4章

均匀随机攻击下的多边忆阻切变网络的同步控制研究

第3章对多边忆阻切变网络带脉冲扰动环境中的同步控制做了研究,并取得了相应确保驱动系统与响应系统同步、误差系统稳定的一些准则和控制条件。人工神经网络是当前的一个研究热点,其在物理、控制系统、计算机技术等多个领域具有重大潜在应用前景。因此,本章将继续基于新提出的多边忆阻切变网络的动力学行为进行深入研究、探索。同时,在现实生活生产中,无论是有意或无意的,运行中的系统或多或少都可能遭受到各种外界的入侵影响。本章将一个均匀随机攻击(Uniform Random Attacks,URA)引入到网络系统中,探索遭受均匀随机攻击下的网络系统的动力学行为,同时研究攻击下调控网络系统实现同步工作状态的控制策略问题。本章给出带均匀随机攻击的多边忆阻切变网络(MSNs)数学模型,采用非集值映射技术和微分包含理论的分析方法分析误差系统的稳定性。

 ## 4.1 均匀随机攻击下的多边忆阻切变网络分析

到目前为止,基于人工神经网络的动力学行为研究迅速拓展到了忆阻神经网络的动力学行为研究并得到了很多有意义的研究成果[1,2]。Chen 等[3]研究了一类带时延的分数阶神经网络的有限时间稳定标准。Wu 等[4]研究了结构可变的一般化多边动态网络的牵制自适应同步问题。Shi 等[5]提出一种针对带采样反馈控制的混沌时延 Lur'e 系统的积分不等式方法研究网络系统主-从同步问题。Wang等[6]采用周期间歇控制策略研究了带时延 BAM 神经网络的全局指数稳定问题。Mathiyalagan 等[7]采用无源性理论研究了忆阻神经网络的非脆弱 H_∞ 同步问题。

Yang 等[8]利用一种健壮分析方法研究了时延忆阻神经网络的渐近和有限时间同步问题。

在人工神经网络构建中引入忆阻器极大地促进了网络动力学行为及其应用的研究。忆阻神经网络因此而成为研究热点。所以,基于忆阻神经网络的稳定性与同步性研究取得了大量的相关成果,这些研究成果可大致划分为以下几大主要分类,即完全周期同步研究、指数同步研究、反同步研究、限时同步研究等。而用于控制驱动系统与响应系统实现同步目标的控制技术可大概划分为连续性控制技术和非连续性控制技术。

然而,值得注意的是,在已提出的经典忆阻神经网络模型中神经元之间的连接形式均被视为一条单纯的加权边。但是,事实上,根据已经获得的关于神经系统结构的研究成果可知神经元的轴突末梢(也称突触小体)能够与相邻其他神经元的树突、细胞体等细胞部位相接触[9]。因为每个神经元的轴突末梢会形成若干多个分枝,所以前面内容意味着两个神经元之间存在多重不同接触形式的连边。因此,在针对生物神经系统构建忆阻神经网络模型时需要将这一重要信息加以考虑、重视。同时,生物神经元之间的兴奋传导包含神经递质的释放和扩散过程,而类似这些工作过程将导致产生时延。显然,现有传统的单边忆阻神经网络模型已经不足以描述生物神经系统的这一复杂结构。

众所周知,目前各个专业领域都非常重视安全相关技术的研究。因此,本章在研究忆阻切变网络系统的动力学行为时也适当地引入均匀随机攻击,分析遭受均匀随机攻击下的忆阻切变网络系统同步控制问题。为了简要展示忆阻器、忆阻神经网络、均匀随机攻击以及它们之间的关系,本章给出一个扼要示意图,如图4-1所示。在现实世界里,工作中的网络系统经常遭受多种多样的人为或自然的干扰因素。Wang 等[10]完成了带随机干扰的忆阻神经网络的前期工作——网络同步控制研究。在考虑均匀随机攻击环境中的同步控制研究中,本章设计合适的抗均匀随机攻击的控制法则,提出更加一般化的忆阻神经网络模型,采用一种不同于集值映射、微分包含等经典理论的分析方法研究攻击中的网络同步控制准则[11-14]。

由于多边忆阻切变网络的权重系数是网络状态依赖的,因此它们在驱动系统和响应系统未实现同步之前将会出现参数不匹配的问题。这使得继续采用经典的分析技术研究带非确定、不匹配参数的忆阻切变网络的动力学行为变得很困难。根据关于带非确定有界参数神经网络已存在的健壮同步研究成果,可以发现非确定且有界的网络参数需要一致、匹配。因此,用于研究带非确定有界参数神经网络动力学行为的经典分析技术难以直接用到这里来研究忆阻切变网络的健壮同步。

基于以上分析,本章设计反馈控制法则或者自适应控制法则,重点关注均匀随机攻击下的时变时延多边忆阻切变网络的有限时间同步控制问题和指数同步控制问题,针对这一研究内容的工作目前尚未发现相关的发表成果。基于以上研究目标,本章的主要研究贡献可描述如下:①提出的忆阻切变网络更加通用、一般化,这对于以后的研究工作意味着更加丰富的动力学行为;②引入均匀随机攻击到多边忆阻切变网络模型将具备更强的实际意义与应用价值,有必要深入探索、研究;③针对本章的一般化多边忆阻切变网络的稳定性分析技术,设计的控制法则和实现不同同步类型的限制准则将为其他网络形式的同步问题研究提供基础性研究帮助;④更贴近现实的复杂系统环境构建,即同时考虑均匀随机攻击、非确定性参数、多时变时延项和多重边等。因此,本章的研究内容对于新网络模型 MSNs 研究工作的拓展是有意义和必要的。

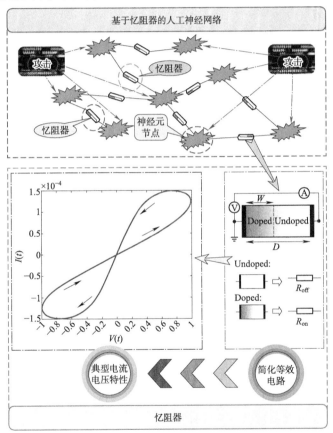

图4-1　忆阻器、带均匀随机攻击的局部忆阻神经网络示意图

符号说明:本章中使用的矩阵默认是维度兼容的,除非在一些特殊说明的情况下例外。对于给定的矩阵 H, $\forall H > 0$ 表示任意给定的矩阵 H 为正定矩阵。符号 H^{T} 则用于表示矩阵 H 的转置矩阵。符号 $*$ 是用于表示一些省略部分,这些省略的部分和矩阵表达式对称位置的内容一致。符号 $C([-\tau,0],R)$ 用于描述所有从集合 $[-\tau,0]$ 映射到 R 的连续函数的 Banach 空间。

4.2 知识储备与模型描述

本章研究引入均匀随机攻击来研究多边忆阻切变网络的稳定性和同步性问题,本节将对网络数学模型进行详细描述并给出需要用到的假设、引理等预备知识。

4.2.1 网络模型描述

当不带均匀随机攻击时,包含 N 个网络节点,网络节点之间具有 m 重边连接的忆阻切变网络数学模型如下所示:

$$
\begin{aligned}
\dot{x}_i(t) =\ & -d_i x_i(t) + \sum_{j=1}^{N} a_{ij}(x_i(t)) \bar{h}_j(x_j(t)) + \\
& \sum_{j=1}^{N} b_{1ij}(x_i(t)) h_j(x_j(t-\tau_1(t))) + \cdots + \\
& \sum_{j=1}^{N} b_{mij}(x_i(t)) h_j(x_j(t-\tau_m(t))) + I_i(t) \\
=\ & -d_i x_i(t) + \sum_{j=1}^{N} a_{ij}(x_i(t)) \bar{h}_j(x_j(t)) + \\
& \sum_{k=1}^{m} \sum_{j=1}^{N} b_{kij}(x_i(t)) h_j(x_j(t-\tau_k(t))) + I_i(t),
\end{aligned}
\tag{4-1}
$$

其中,i 和 j 是忆阻切变网络中的网络节点序号,且 $i,j \in \zeta \triangleq \{1,2,\cdots,N\}$,$N \geqslant 2$;符号 d_i 用于描述第 i 个网络节点的自抑制作用程度;$x_i(t)$ 和 $x_j(t)$ 分别用于表示电容 C_i 和 C_j 的电压;第 k 重子网络的时变时延用符号 $\tau_k(t)$ 描述,且 $k \in \{1,2,\cdots,m\}$,$0 \leqslant \tau_k(t) \leqslant \tau, \dot{\tau}_k(t) \leqslant \tau_0$;$\tau$ 和 τ_0 都是正值常数;$\bar{h}_j(x_j(t))$ 和 $h_j(x_j(t-\tau_k(t)))$ 均表示有界的激活函数;$I_i(t)$ 用于描述节点的外部输入项。

另外,网络模型中的系数 $a_{ij}(x_i(t))$ 和 $b_{kij}(x_i(t))$ 表示基于忆阻的权重系数。它们具体的取值可以通过以下公式计算:

$$
a_{ij}(x_i(t)) = \frac{M_{\bar{h}_{ij}}}{C_i} \times \mathrm{sgn}_{ij}, \quad b_{kij}(x_i(t)) = \frac{M_{h_{kij}}}{C_i} \times \mathrm{sgn}_{ij},
$$

$$
\mathrm{sgn}_{ij} = \begin{cases} 1 & i = j, \\ -1 & i \neq j, \end{cases}
$$

其中,$M_{\bar{h}_{ij}}$ 和 $M_{h_{kij}}$ 分别代表忆阻器 R_{ij} 和忆阻器 F_{kij} 的忆阻值;R_{ij} 表示激活函数 $\bar{h}_j(x_j(t))$ 和 $x_i(t)$ 之间的忆阻器;F_{kij} 表示激活函数 $h_j(x_j(t-\tau_k(t)))$ 和 $x_i(t)$ 之间的忆阻器。

根据忆阻器的物理属性和经典 i-v 曲线特征,忆阻器 R_{ij} 和 F_{kij} 的忆阻值也将对应发生改变[15]。因此,给定状态依赖参数 $a_{ij}(x_i(t))$ 和 $b_{kij}(x_i(t))$ 的模型如下:

$$a_{ij}(x_i(t)) = \begin{cases} \hat{a}_{ij} & |x_i(t)| \leqslant \overline{w}_i, \\ \breve{a}_{ij} & |x_i(t)| > \overline{w}_i, \end{cases}$$

$$b_{kij}(x_i(t)) = \begin{cases} \hat{b}_{kij} & |x_i(t)| \leqslant \overline{w}_i^k, \\ \breve{b}_{kij} & |x_i(t)| > \overline{w}_i^k, \end{cases}$$

其中,$i,j = 1,2,\cdots,N$;正值常数 $\overline{w}_i$ 和 $\overline{w}_i^k$ 表示切变常数;$\hat{a}_{ij}$,$\breve{a}_{ij}$,$\hat{b}_{kij}$ 和 $\breve{b}_{kij}$ 均为常数。

注释 4.1　多边忆阻切变网络数学模型(4-1)能够覆盖经典复杂动态网络和忆阻神经网络的网络描述。经典复杂动态网络的数学模型可以视为当基于忆阻的权重系数(即 $a_{ij}(x_i(t))$ 和 $b_{kij}(x_i(t))$)被限定为常数时 MSNs 数学模型的特殊情况;经典忆阻神经网络的数学模型可以视为当节点连接边重数 m 被限定为 1 时 MSNs 数学模型的特殊情况。因此,多边忆阻切变网络数学模型(4-1)更加一般化。

注释 4.2　在后续分析中,用来将忆阻切变网络模型转换成一类带非确定性参数的复杂网络模型形式需要使用一系列符号。因此,在此提前集中给定一些符号定义以便后续研究工作中可以方便直接取用:

$$a_{ij} = \frac{1}{2}(\max\{\hat{a}_{ij},\breve{a}_{ij}\} + \min\{\hat{a}_{ij},\breve{a}_{ij}\}),$$

$$b_{kij} = \frac{1}{2}(\max\{\hat{b}_{kij},\breve{b}_{kij}\} + \min\{\hat{b}_{kij},\breve{b}_{kij}\}),$$

$$\tilde{a}_{ij} = \frac{1}{2}(\max\{\hat{a}_{ij},\breve{a}_{ij}\} - \min\{\hat{a}_{ij},\breve{a}_{ij}\}),$$

$$\tilde{b}_{kij} = \frac{1}{2}(\max\{\hat{b}_{kij},\breve{b}_{kij}\} - \min\{\hat{b}_{kij},\breve{b}_{kij}\}),$$

$$\Delta a_{0ij} \in [-\tilde{a}_{ij},\tilde{a}_{ij}], \Delta b_{kij} \in [-\tilde{b}_{kij},\tilde{b}_{kij}],$$

其中,$\max\{\cdot\}$ 表示求最大值函数;$\min\{\cdot\}$ 表示求最小值函数。

结合以上符号,将原始网络模型(4-1)转换成以下形式的带时变时延和非确定性参数的复杂动态网络模型:

$$\dot{x}_i(t) = -d_i x_i(t) + \sum_{j=1}^{N}(a_{ij} + \Delta a_{0ij})\overline{h}_j(x_j(t)) +$$

$$\sum_{k=1}^{m}\sum_{j=1}^{N}(b_{kij} + \Delta b_{kij})h_j(x_j(t - \tau_k(t))) + I_i(t), \quad (4\text{-}2)$$

其中,a_{ij},Δa_{0ij},b_{kij} 和 Δb_{kij} 对应注释 4.2 中给出的符号定义;$x_i(t)$ 的初始状态取值用 $\Phi_i(t)$ 表示,$\Phi_i(t) \in C([-\tau,0],R)$。

注释 4.3 根据网络模型形式(4-2)转换可以知道，Δa_{0ij} 和 Δb_{kij} 的取值同样也是状态依赖的。而在未达到同步稳定目标之前网络状态也是时变的，因此，Δa_{0ij} 和 Δb_{kij} 可能不能同时达到它们的最大值或者最小值。所以，这里给定 $\Delta a_{0ij} = f_i^0(t)\,\tilde{a}_{ij}$ 且 $\Delta b_{kij} = f_i^k(t)\,\tilde{b}_{kij}$，其中，$f_i^0(t)$，$f_i^k(t) \in [-1, 1]$。

注释 4.4 为了网络模型能写成更紧凑的向量形式的数学模型，这里集中给定一些向量符号的定义以便后续的研究中直接取用：

$$A = (a_{ij})_{N \times N}, \qquad\qquad B_k = (b_{kij})_{N \times N},$$

$$\Delta A = \frac{1}{2}\Delta\tilde{A} = (\tilde{a}_{ij})_{N \times N}, \qquad \Delta\tilde{B}_k = \frac{1}{2}\Delta\tilde{B}'_k = (\tilde{b}_{kij})_{N \times N},$$

$$\Delta A_0(t) = (\Delta a_{0ij})_{N \times N}, \qquad \Delta B_k(t) = (\Delta b_{kij})_{N \times N},$$

$$\Delta A_1(t) = (\Delta a_{1ij})_{N \times N}, \qquad \Delta B'_k(t) = (\Delta b'_{kij})_{N \times N}。$$

然后，网络模型(4-2)可以重写成以下紧凑的向量形式网络模型：

$$\dot{x}(t) = -Dx(t) + (A + \Delta A_0(t))\bar{h}(x(t)) +$$

$$\sum_{k=1}^{m}(B_k + \Delta B_k(t))h(x(t - \tau_k(t))) + I(t), \qquad (4\text{-}3)$$

其中，$D = \mathrm{diag}\{d_1, d_2, \cdots, d_N\}$，且 $x(t) = (x_1(t), x_2(t), \cdots, x_N(t))^{\mathrm{T}}$。

向量形式的微分方程(4-3)可进一步改写成以下形式：

$$\mathrm{d}x(t) = \Big[-Dx(t) + (A + \Delta A_0(t))\bar{h}(x(t)) +$$

$$\sum_{k=1}^{m}(B_k + \Delta B_k(t))h(x(t - \tau_k(t))) + I(t)\Big]\mathrm{d}t, \qquad (4\text{-}4)$$

如果采用网络模型(4-1)作为驱动系统，那么对应带多重边和时变时延的响应系统模型构造如下：

$$\dot{y}_i(t) = -d_i y_i(t) + \sum_{j=1}^{N} a_{ij}(y_i(t))\bar{h}_j(y_j(t)) + \sum_{j=1}^{N} b_{1ij}(y_i(t))h_j(y_j(t -$$

$$\tau_1(t))) + \cdots + \sum_{j=1}^{N} b_{mij}(y_i(t))h_j(y_j(t - \tau_m(t))) + J_i(t) + u_i(t)$$

$$= -d_i y_i(t) + \sum_{j=1}^{N} a_{ij}(y_i(t))\bar{h}_j(y_j(t)) +$$

$$\sum_{k=1}^{m}\sum_{j=1}^{N} b_{kij}(y_i(t))h_j(y_j(t - \tau_k(t))) + J_i(t) + u_i(t), \qquad (4\text{-}5)$$

其中，$i = 1, 2, \cdots, N$；$J_i(t)$ 项用来描述响应系统第 i 个网络节点的外部输入；而响应系统的初始条件给定如下：$y_i(t) = \varphi_i(t) \in C([-\tau, 0], R)$；$u_i(t)$ 是为响应系统设计的合适控制器；类似的驱动系统中的权值系数 $a_{ij}(x_i(t))$ 和 $b_{kij}(x_i(t))$，响应系统中的状态依赖权值系数 $a_{ij}(y_i(t))$ 和 $b_{kij}(y_i(t))$ 模型给定如下：

$$a_{ij}(y_i(t)) = \begin{cases} \hat{a}_{ij} & |y_i(t)| \leqslant \overline{w}_i, \\ \breve{a}_{ij} & |y_i(t)| > \overline{w}_i, \end{cases}$$

$$b_{kij}(y_i(t)) = \begin{cases} \hat{b}_{kij} & |y_i(t)| \leqslant \overline{w}_i^k, \\ \breve{b}_{kij} & |y_i(t)| > \overline{w}_i^k, \end{cases}$$

其中, $i, j = 1, 2, \cdots, N$; 正值常数 $\overline{w}_i$ 和 $\overline{w}_i^k$ 表示切变常数; $\hat{a}_{ij}, \breve{a}_{ij}, \hat{b}_{kij}$ 和 $\breve{b}_{kij}$ 均为常数。

类似于对网络模型(4-1)的预处理操作,这里也将响应系统数学模型转换成如下的一类带非确定性参数和时变时延的复杂动态网络形式:

$$\dot{y}_i(t) = -d_i y_i(t) + \sum_{j=1}^{N}(a_{ij} + \Delta a_{1ij})\overline{h}_j(y_j(t)) +$$
$$\sum_{k=1}^{m}\sum_{j=1}^{N}(b_{kij} + \Delta b'_{kij})h_j(y_j(t - \tau_k(t))) + J_i(t) + u_i(t), \qquad (4\text{-}6)$$

其中, $\Delta a_{1ij} \in [-\tilde{a}_{ij}, \tilde{a}_{ij}]$, $\Delta b'_{kij} \in [-\tilde{b}_{kij}, \tilde{b}_{kij}]$。

注释 4.5　类似于上面对非确定性参数 Δa_{0ij} 和 Δb_{kij} 的分析可知,响应系统中的非确定性参数 Δa_{1ij} 和 $\Delta b'_{kij}$ 的取值也是系统状态依赖的。类似的,它们也可能不能同时达到最大值或者最小值。因此,令 $\Delta a_{1ij} = \delta_i^1(t)\tilde{a}_{ij}$ 且 $\Delta b'_{kij} = \delta_i^k(t)\tilde{b}_{kij}$, 其中, $\delta_i^1(t), \delta_i^k(t) \in [-1, 1]$。由于驱动系统(4-2)和响应系统(4-6)的初始条件不同且非确定性参数的取值均为系统状态依赖的,所以易知驱动-响应系统中的非确定性参数 Δa_{0ij} 和 Δb_{kij} 与 Δa_{1ij} 和 $\Delta b'_{kij}$ 一般不会分别对应相等,也就是 $f_i^0(t), f_i^k(t)$ 与 $\delta_i^1(t), \delta_i^k(t)$ 一般不对应相等。网络系统的参数不匹配问题意味着经典的分析方法难以直接应用到带非确定性、不匹配参数的复杂动态网络的渐近同步控制问题和有限时间同步控制问题的研究中来。

网络模型(4-6)进一步改写成以下向量紧凑型网络模型形式:

$$\dot{y}(t) = -Dy(t) + (A + \Delta A_1(t))\overline{h}(y(t)) +$$
$$\sum_{k=1}^{m}(B_k + \Delta B'_k(t))h(y(t - \tau_k(t))) + J(t) + u(t), \qquad (4\text{-}7)$$

其中, $y(t) = (y_1(t), y_2(t), \cdots, y_N(t))^{\mathrm{T}}$。

在真实环境中运行的应用系统,经常要面临各种各样的干扰攻击因素,而如何在含有不安全影响因素的环境中实现对网络系统动力学行为的控制问题成为本章关注的一个重点内容。本章在响应系统中引入均匀随机攻击项 $\hat{E}(t)$ 用来描述一种攻击干扰,因此,受攻击的响应系统的向量形式的微分方程可描述如下:

$$
\mathrm{d}y(t) = \Big[-Dy(t) + (A + \Delta A_1(t))\bar{h}(y(t)) + \sum_{k=1}^{m}(B_k + \Delta B'_k(t))h(y(t -
$$

$$
\tau_k(t))) + J(t) + u(t) \Big]\mathrm{d}t + f(t, e(t), e(t - \tau_1(t)),
$$

$$
e(t - \tau_2(t)), \cdots, e(t - \tau_m(t)))\mathrm{d}(\omega(t)), \tag{4-8}
$$

其中,$f(t, e(t), e(t - \tau_1(t)), e(t - \tau_2(t)), \cdots, e(t - \tau_m(t)))\mathrm{d}(\omega(t))$ 项就是均匀随机攻击 $\hat{E}(t)$ 的具体数学表达式;并且 $\omega(t)$ 表示 m' 维的布朗运动,是定义在概率空间 (Ω, F, P) 上且限制条件为 $E\{\omega(t)\} = 0, E\{\omega^2(t)\} = 1, E\{\omega(s)\omega(t)\} = 0,$ $s \neq t$。$f(t, e(t), e(t - \tau_k(t))) \in \mathbf{R}^{N \times m'}$ 表示攻击密度且满足假设 4.5。

同步误差 $e(t)$ 定义如下:$e(t) = y(t) - x(t)$。因此,可以构建如下所示的驱动系统(4-4)和响应系统(4-8)的误差系统模型:

$$
\mathrm{d}e(t) = \Big[-De(t) + (A + \Delta A_1(t))g_1(e(t)) + \sum_{k=1}^{m}(B_k + \Delta B'_k(t))g_2(e(t -
$$

$$
\tau_k(t))) + (\Delta A_1(t) - \Delta A_0(t))\bar{h}(x(t)) + \sum_{k=1}^{m}(\Delta B'_k(t) -
$$

$$
\Delta B_k(t))h(x(t - \tau_k(t))) + u(t) + J(t) - I(t) \Big]\mathrm{d}t + f(t, e(t), e(t -
$$

$$
\tau_1(t)), e(t - \tau_2(t)), \cdots, e(t - \tau_m(t)))\mathrm{d}(\omega(t)), \tag{4-9}
$$

其中,$e(t, \varepsilon)$ 用于表示误差系统的初始条件状态轨迹:$e(\theta) = \varepsilon(\theta), -\tau \leq \theta \leq 0$,属于 $C_F^2([-\tau, 0]; \mathbf{R}^n)$;$g_1(e(\cdot)) = \bar{h}(e(\cdot) + x(\cdot)) - \bar{h}(x(\cdot)), g_2(e(\cdot)) = h(e(\cdot) + x(\cdot)) - h(x(\cdot))$。

4.2.2 基础知识描述

本节将给定一些用于后续推导的必需假设、引理等基础知识。

假设 4.1 根据前面对非确定性参数 $\Delta a_{0ij}, \Delta b_{kij}, \Delta a_{1ij}$ 和 $\Delta b'_{kij}$ 分析知道它们是时变且范数有界的,它们的向量形式满足以下等式关系:

$$
\begin{cases}
\Delta A_0(t) = F(t)\Delta A = \dfrac{I}{2}F(t)\Delta \tilde{A}, \\[2mm]
\Delta B_k(t) = F_k(t)\Delta \tilde{B}_k = \dfrac{I}{2}F_k(t)\Delta \tilde{B}'_k。
\end{cases}
$$

类似地,$\Delta A_1(t)$ 和 $\Delta B'_k(t)$ 满足以下等式关系:

$$
\begin{cases}
\Delta A_1(t) = E(t)\Delta A = \dfrac{I}{2}E(t)\Delta \tilde{A}, \\[2mm]
\Delta B'_k(t) = E_k(t)\Delta \tilde{B}_k = \dfrac{I}{2}E_k(t)\Delta \tilde{B}'_k,
\end{cases}
$$

其中,I 表示单位矩阵;符号 $\Delta A, \Delta \tilde{A}, \Delta \tilde{B}_k$ 和 $\Delta \tilde{B}'_k$ 的具体意义已经在注释 4.4 中预先

定义;且 $F(t)$,$F_k(t)$,$E(t)$ 和 $E_k(t)$ 是未知的实数矩阵并且是 Lebesgue 范数可测的,它们在维度上兼容,它们的具体形式如下:

$$F(t) = \mathrm{diag}\{f_1^0(t),f_2^0(t),\cdots,f_N^0(t)\} \in [-1,1],$$
$$F_k(t) = \mathrm{diag}\{f_1^k(t),f_2^k(t),\cdots,f_N^k(t)\} \in [-1,1],$$
$$E(t) = \mathrm{diag}\{\delta_1^1(t),\delta_2^1(t),\cdots,\delta_N^1(t)\} \in [-1,1],$$
$$E_k(t) = \mathrm{diag}\{\delta_1^k(t),\delta_2^k(t),\cdots,\delta_N^k(t)\} \in [-1,1],$$

而且 $F(t)$,$F_k(t)$,$E(t)$ 和 $E_k(t)$ 需要满足以下不等式:

$$F^\mathrm{T}(t)F(t) < I, (F_k(t))^\mathrm{T}F_k(t) < I,$$
$$E^\mathrm{T}(t)E(t) < I, (E_k(t))^\mathrm{T}E_k(t) < I。$$

假设4.2　假设存在以下正值常数 α 和 β_k 满足以下条件:

$$\|\Delta A_1(t) - \Delta A_0(t)\| \leq \alpha,$$
$$\|\Delta B_k'(t) - \Delta B_k(t)\| \leq \beta_k。$$

其中,$k = 1,2,\cdots,m$。

假设4.3　激活函数 $\overline{h}_i(\cdot)$ 和 $h_i(\cdot)$ 有界,且满足以下不等式,对于 $\forall \sigma_1$,$\sigma_2 \in \mathbf{R}$:

$$0 \leq \frac{\overline{h}_i(\sigma_1) - \overline{h}_i(\sigma_2)}{\sigma_1 - \sigma_2} \leq l_i,$$
$$0 \leq \frac{h_i(\sigma_1) - h_i(\sigma_2)}{\sigma_1 - \sigma_2} \leq l_i,$$

或

$$\begin{cases} |\overline{h}_i(\sigma_1) - \overline{h}_i(\sigma_2)| \leq l_i|\sigma_1 - \sigma_2|, \\ |h_i(\sigma_1) - h_i(\sigma_2)| \leq l_i|\sigma_1 - \sigma_2|, \end{cases}$$

其中,$i = 1,2,\cdots,N$;$l_i > 0$ 是实常数,且令 $L = \mathrm{diag}\{l_1,l_2,\cdots,l_N\}$。

注释4.6　根据假设4.3和本章给出的有界激活函数,可知存在这样的一个正值常数 M^* 使得以下不等式成立:

$$\|\overline{h}(x(t))\| \leq M^*, \|h(x(t-\tau_k(t)))\| \leq M^*,$$

其中,$k = 1,2,\cdots,m$。

假设4.4　假设存在向量 $\forall \nu_1 \in \mathbf{R}^N$,$\forall \nu_2 \in \mathbf{R}^N$ 及 $\forall H \in \mathbf{R}^{N \times N}$(矩阵 $H > 0$),使得

$$2\nu_1^\mathrm{T}\nu_2 \leq \nu_1^\mathrm{T}H\nu_1 + \nu_2^\mathrm{T}H^{-1}\nu_2。$$

假设4.5　假设存在一个攻击矩阵 $f(\cdot)$ 满足线性增长条件且是局部 Lipschitz 连续的,而且存在一个实数正定矩阵 P_m(m 是一个正值常数)使得

$$\mathrm{trace}[f^\mathrm{T}(t,x_1,x_2,\cdots,x_m)f(t,x_1,x_2,\cdots,x_m)] \leq \sum_{i=1}^m x_i^\mathrm{T}P_ix_i。$$

引理 4.1 [16] 存在 $\forall x_i \in \mathbf{R}^n (i=1,2,\cdots,N)$ 以及一个随机实数 γ 满足 $0 < \gamma < 2$，会使得

$$\|x_1\|^\gamma + \|x_2\|^\gamma + \cdots + \|x_N\|^\gamma \geqslant (\|x_1\|^2 + \|x_2\|^2 + \cdots + \|x_N\|^2)^{\frac{\gamma}{2}}。$$

引理 4.2 [17] 对应实数矩阵 A 和 B，如果它们具有合适的矩阵维度，然后，会存在一个实数 $\gamma > 0$ 满足以下不等式关系：

$$A^{\mathrm{T}}B + B^{\mathrm{T}}A \leqslant \gamma A^{\mathrm{T}}A + \frac{1}{\gamma}B^{\mathrm{T}}B。$$

引理 4.3 [18] 如果存在一个连续且正定的函数 $V(t)$ 以及两个正值常数 $\eta < 1$ 和 α，使得

$$\dot{V}(t) \leqslant -\alpha V^\eta(t), \ \forall t \geqslant t_0, V(t_0) \geqslant 0,$$

则对于任意给定的 t_0，对于函数 $V(t)$ 以下不等式成立：

$$\begin{cases} V^{1-\eta}(t) \leqslant V^{1-\eta}(t_0) - \alpha(1-\eta)(t-t_0), t_0 \leqslant t \leqslant t_1, \\ V(t) \equiv 0, \ \forall t \geqslant t_1, \end{cases}$$

其中，稳定时间 t_1 可通过以下计算公式进行精确计算：

$$t_1 = t_0 + \frac{V^{1-\eta}(t_0)}{\alpha(1-\eta)}。$$

引理 4.4 （Schur 补定理 [19]）线性不等式（LMI）

$$\begin{bmatrix} D(x) & P(x) \\ P^{\mathrm{T}}(x) & W(x) \end{bmatrix} > 0,$$

其中，$D^{\mathrm{T}}(x) = D(x)$，$W^{\mathrm{T}}(x) = W(x)$ 且 $P(x)$ 是仿射依赖于 x 的，这等价于以下不等式：

$$W(x) > 0, D(x) - P(x)W^{-1}(x)P^{\mathrm{T}}(x) > 0。$$

引理 4.5 （伊藤公式/Ifos 公式 [20]）如果存在随机微分方程如下：

$$\mathrm{d}x(t) = f^*(x(t), x(t-\tau), t)\mathrm{d}t + g^*(x(t), x(t-\tau), t)\mathrm{d}\omega(t),$$

则从 $\mathbf{R}_+ \times \mathbf{R}_n$ 映射到 R_+ 的非负函数 $V(\mathrm{x}(t), t)$（$V(\mathrm{x}(t), t)$ 对 x 二阶可微且对 t 一阶可微）沿微分方程的操作运算 $\mathcal{L}V(x(t), t)$ 给定如下：

$$\mathcal{L}V(x(t), t) = V_t(x(t), t) + V_x(x(t), t)f^*(x(t), x(t-\tau), t) + $$
$$\frac{1}{2}\mathrm{trace}\{g^{*\mathrm{T}}(x(t), x(t-\tau), t)V_{xx}g^*(x(t), x(t-\tau), t)\},$$

其中，

$$V_t(x(t), t) = \frac{\partial V(x(t), t)}{\partial t},$$

$$V_x(x(t), t) = \left(\frac{\partial V(x(t), t)}{\partial x_1}, \frac{\partial V(x(t), t)}{\partial x_2}, \cdots, \frac{\partial V(x(t), t)}{\partial x_n}\right),$$

$$V_{xx} = \left(\frac{\partial V(x(t),t)}{\partial x_i x_j} \right)_{n \times n}, i,j = 1,2,,\cdots,n \, .$$

引理 4.6 [21] 根据 Gronwall 不等式,令 T 为一个正值常数且 $x(t)$ 是区间 $[0,T]$ 上的一个 Borel 可测的有界非负函数。若存在常数 c,v 使得

$$x(t) \leqslant c + v \int_0^t x(s) \mathrm{d}s, \forall\, 0 \leqslant t \leqslant T,$$

则

$$x(t) \leqslant c \exp(vt), \forall\, 0 \leqslant t \leqslant T \, .$$

定义 4.1　如果存在两个正值常数 μ_1 和 μ_2 满足以下不等式:

$$E \| e(t) \|^2 \leqslant \mu_1 \exp(-\mu_2 t), \forall\, t > 0,$$

其中,μ_2 表示收敛的衰减率,则称误差系统 $e(t)$ 可以在均匀随机攻击下实现均方意义的指数收敛到零。

4.3　均匀随机攻击下多边忆阻切变网络的有限时间同步控制

为了适当考虑工作系统在运行中面临的各种干扰因子,本节将引入均匀随机攻击进而考虑多边忆阻切变网络的有限时间同步控制问题和渐近同步控制问题。

设计如下的控制法则以及对应的参数更新规则:

$$u(t) = -re(t) - l\,\mathrm{sign}(e(t)) \mid e(t) \mid^{\beta} -$$

$$l \frac{e(t)}{\| e(t) \|^2} \left(\sum_{k=1}^m \int_{t-\tau_k(t)}^t e^{\mathrm{T}}(s)e(s)\mathrm{d}s \right) \frac{\beta+1}{2} - M^* \| e^{\mathrm{T}}(t) \|^{-1} e(t) \left(\alpha' + \right.$$

$$\left. \sum_{k=1}^m \beta_k' \right) + I(t) - J(t),$$

$$\dot{\alpha}' = M^* \| e^{\mathrm{T}}(t) \| - l\,\mathrm{sign}(\Delta\alpha) \mid \Delta\alpha \mid^{\beta},$$

$$\dot{\beta}_k' = M^* \| e^{\mathrm{T}}(t) \| - l\,\mathrm{sign}(\Delta\beta_k) \mid \Delta\beta_k \mid^{\beta}, \tag{4-10}$$

其中,$I(t)$ 和 $J(t)$ 分别为驱动系统和响应系统的外部输入;常数 l 满足 $l > 0$;实数 β 满足 $0 < \beta < 1$;如果 $e(t) = 0$,那么 $\frac{e(t)}{\| e(t) \|^2} = 0$,$\frac{e(t)}{\| e(t) \|} = 0$;$\alpha'$ 和 β_k' 分别用作非确定性边界 α 和 β_k 的估计,并且 $\Delta\alpha = \alpha' - \alpha$,$\Delta\beta_k = \beta_k' - \beta_k$;分段函数 $\mathrm{sign}(x)$ 定义如下:

$$\mathrm{sign}(x) = \begin{cases} -1 & x < 0, \\ 0 & x = 0, \\ 1 & x > 0 \, . \end{cases}$$

4.3.1 主要结论

采用以上给定的控制法则,可以得到以下关于均匀随机攻击下忆阻切变网络的有限时间同步和渐近同步控制定理、推论等主要结论。

定理 4.1 结合假设 4.1 ~ 假设 4.5 以及引理 4.1 ~ 引理 4.5,如果以下给定的一系列条件均得到满足,驱动系统(4-4)和响应系统(4-8)的误差系统(4-9)能够在均匀随机攻击环境中通过给出的控制器(4-10)调控作用于有限时间 t_1 内实现稳定状态。网络系统需要满足的限制条件给定如下:

$$\begin{bmatrix} \omega_0 & A & \frac{1}{2}I & \overline{B} & \frac{1}{2}I \\ * & -\frac{2}{\xi_1}I & 0 & 0 & 0 \\ * & * & -\frac{2}{\xi_1\|\Delta\tilde{A}\|^2}I & 0 & 0 \\ * & * & * & -\frac{2}{\xi_2}I & 0 \\ * & * & * & * & -\sum_{k=1}^{m}\frac{2}{\xi_2\|\Delta\tilde{B}_k'\|^2}I \end{bmatrix} \leqslant 0,$$

$$\frac{L^2}{\xi_2} + \frac{1}{2}P_k - (1-\tau_0)I \leqslant 0,$$

$$\omega_0 = (m-r)I - D + \frac{1}{2}P_0 + \frac{L^2}{\xi_1},$$

$$\overline{B} = [B_1, B_2, \cdots, B_m],$$

其中,常数 $\xi_1 > 0, \xi_2 > 0$;I 代表单位矩阵。则驱动系统(4-4)和响应系统(4-8)实现网络同步的有限稳定时间 t_1 计算公式如下:

$$t_1 = \frac{V^{1-\eta}(0)}{l(1-\eta)},$$

其中,$\eta = \frac{\beta+1}{2}$,且

$$V(0) = \frac{1}{2}e^{\mathrm{T}}(0)e(0) + \sum_{k=1}^{m}\int_{-\tau_k(0)}^{0}e^{\mathrm{T}}(s)e(s)\mathrm{d}s + \frac{1}{2}((\alpha'(0)-\alpha)^2 +$$

$$\sum_{k=1}^{m}(\beta_k'(0)-\beta_k)^2)。$$

证明: 构建 Lyapunov 函数为

$$V(t) = \frac{1}{2}e^{\mathrm{T}}(t)e(t) + \sum_{k=1}^{m}\int_{t-\tau_k(t)}^{t}e^{\mathrm{T}}(s)e(s)\mathrm{d}s + \frac{1}{2}\left(\Delta\alpha^2 + \sum_{k=1}^{m}\Delta\beta_k^2\right)。$$

根据伊藤公式的计算规则，$V_t(e(t),t)$，$V_e(e(t),t)$ 和 V_{ee} 项的计算结果如下所示：

$$V_t(e(t),t) = \sum_{k=1}^{m} \left[e^{\mathrm{T}}(t)e(t) - (1-\dot{\tau}_k(t))e^{\mathrm{T}}(t-\tau_k(t))e(t-\tau_k(t)) \right] +$$

$$\Delta\alpha\Delta\dot{\alpha} + \sum_{k=1}^{m} \Delta\beta_k\Delta\dot{\beta}_k,$$

$$V_e(e(t),t) = e(t),$$

$$V_{ee} = I_{N \times N}。$$

根据误差系统(4-9)可知

$$f^*(e(t),e(t-\tau_1(t)),e(t-\tau_2(t)),\cdots,e(t-\tau_m(t)),t)$$

$$= -De(t) + (A + \Delta A_1(t))g_1(e(t)) + \sum_{k=1}^{m}(B_k + \Delta B'_k(t))g_2(e(t-\tau_k(t))) +$$

$$(\Delta A_1(t) - \Delta A_0(t))\bar{h}(x(t)) + \sum_{k=1}^{m}(\Delta B'_k(t) - \Delta B_k(t))h(x(t-\tau_k(t))) +$$

$$u(t) + J(t) - I(t), g^*(e(t),e(t-\tau_1(t)),e(t-\tau_2(t)),\cdots,e(t-\tau_m(t)),t)$$

$$= f(t,e(t),e(t-\tau_1(t)),e(t-\tau_2(t)),\cdots,e(t-\tau_m(t)))。$$

根据引理 4.5 中说明的 $LV(t)$ 运算规则，可得

$$\mathcal{L}V(t) = e^{\mathrm{T}}(t)\Big[-De(t) + (A + \Delta A_1(t))g_1(e(t)) + \sum_{k=1}^{m}(B_k +$$

$$\Delta B'_k(t))g_2(e(t-\tau_k(t))) + (\Delta A_1(t) - \Delta A_0(t))\bar{h}(x(t)) +$$

$$\sum_{k=1}^{m}(\Delta B'_k(t) - \Delta B_k(t))h(x(t-\tau_k(t))) + u(t) + J(t) - I(t)\Big] +$$

$$\frac{1}{2}\mathrm{trace}\{f^{\mathrm{T}}(t,e(t),e(t-\tau_1(t)),e(t-\tau_2(t)),\cdots,e(t-\tau_m(t)))$$

$$f(t,e(t),e(t-\tau_1(t)),e(t-\tau_2(t)),\cdots,e(t-\tau_m(t)))\} +$$

$$\sum_{k=1}^{m}\left[e^{\mathrm{T}}(t)e(t) - (1-\dot{\tau}_k(t))e^{\mathrm{T}}(t-\tau_k(t))e(t-\tau_k(t)) \right] +$$

$$\Delta\alpha\Delta\dot{\alpha} + \sum_{k=1}^{m}\Delta\beta_k\Delta\dot{\beta}_k。 \tag{4-11}$$

由于结果(4-11)中包含的项比较多，不方便同时处理。因此，这里将各个项分别处理后再代换回式(4-11)得到最终的结果。

根据引理 4.2，可得

$$\frac{1}{2}2e^{\mathrm{T}}(t)(A + \Delta A_1(t))g_1(e(t))$$

$$\leqslant \frac{1}{2}\Big[\xi_1 e^{\mathrm{T}}(t)AA^{\mathrm{T}}e(t) + \frac{1}{\xi_1}g_1^{\mathrm{T}}(e(t))g_1(e(t)) +$$

$$\xi_1 e^{\mathrm{T}}(t)\left(\frac{I}{2}E(t)\Delta\tilde{A}\right)\left(\frac{I}{2}E(t)\Delta\tilde{A}\right)^{\mathrm{T}}e(t) + \frac{1}{\xi_1}g_1^{\mathrm{T}}(e(t))g_1(e(t))\Big]$$

$$\leqslant \frac{1}{2}e^{\mathrm{T}}(t)\left[\xi_1 AA^{\mathrm{T}} + \frac{2}{\xi_1}L^2 + \xi_1\left\|\Delta\tilde{A}\right\|^2\frac{I}{2}\left(\frac{I}{2}\right)^{\mathrm{T}}\right]e(t),$$

$$e^{\mathrm{T}}(t)\left[\sum_{k=1}^{m}(B_k+\Delta B_k'(t))g_2(e(t-\tau_k(t)))\right]$$

$$= \frac{1}{2}\left[\sum_{k=1}^{m}2e^{\mathrm{T}}(t)(B_k+\Delta B_k'(t))g_2(e(t-\tau_k(t)))\right]$$

$$\leqslant \frac{1}{2}\sum_{k=1}^{m}\left[\xi_2 e^{\mathrm{T}}(t)B_k\binom{B}{k}^{\mathrm{T}}e(t) + \frac{1}{\xi_2}g_2^{\mathrm{T}}(e(t-\tau_k(t)))g_2(e(t-\tau_k(t))) + \right.$$

$$\left.\xi_2 e^{\mathrm{T}}(t)\left(\frac{I}{2}E_k(t)\Delta\tilde{B}_k'\right)\left(\frac{I}{2}E_k(t)\Delta\tilde{B}_k'\right)^{\mathrm{T}}e(t) + \frac{1}{\xi_2}g_2^{\mathrm{T}}(e(t-\tau_k(t)))\right.$$

$$\left.g_2(e(t-\tau_k(t)))\right]$$

$$\leqslant \frac{1}{2}\sum_{k=1}^{m}\left[e^{\mathrm{T}}(t)(\xi_2 B_k B_k^{\mathrm{T}} + \xi_2\left\|\Delta\tilde{B}_k'\right\|^2\frac{I}{2}\left(\frac{I}{2}\right)^{\mathrm{T}})e(t) + \right.$$

$$\left.\frac{2}{\xi_2}e^{\mathrm{T}}(t-\tau_k(t))L^2 e(t-\tau_k(t))\right]。$$

式(4-11)的其他项计算如下:

$$e^{\mathrm{T}}(t)\left[(\Delta A_1(t)-\Delta A_0(t))\bar{h}(x(t)) + \sum_{k=1}^{m}(\Delta B_k'(t)-\Delta B_k(t))h(x(t-\tau_k(t)))\right]$$

$$\leqslant \left\|e^{\mathrm{T}}(t)\right\|\alpha M^* + \sum_{k=1}^{m}\left\|e^{\mathrm{T}}(t)\right\|\beta_k M^* = \left\|e^{\mathrm{T}}(t)\right\|M^*\left(\alpha + \sum_{k=1}^{m}\beta_k\right),$$

$$e^{\mathrm{T}}(t)\left[u(t)+J(t)-I(t)\right] \leqslant e^{\mathrm{T}}(t)(-r)e(t) - l\left|e^{\mathrm{T}}(t)e(t)\right|^{\frac{\beta+1}{2}} -$$

$$l\left(\sum_{k=1}^{m}\int_{t-\tau_k(t)}^{t}e^{\mathrm{T}}(s)e(s)\mathrm{d}s\right)\frac{\beta+1}{2} - M^*\left\|e^{\mathrm{T}}(t)\right\|\left(\alpha' + \sum_{k=1}^{m}\beta_k'\right)。$$

另外,

$$\sum_{k=1}^{m}\left[e^{\mathrm{T}}(t)e(t) - (1-\dot{\tau}_k(t))e^{\mathrm{T}}(t-\tau_k(t))e(t-\tau_k(t))\right]$$

$$\leqslant me^{\mathrm{T}}(t)e(t) - (1-\tau_0)\sum_{k=1}^{m}e^{\mathrm{T}}(t-\tau_k(t))e(t-\tau_k(t))。$$

$$\Delta\alpha\Delta\dot{\alpha} + \sum_{k=1}^{m}\Delta\beta_k\Delta\dot{\beta}_k = M^*\left\|e^{\mathrm{T}}(t)\right\|\Delta\alpha - l\left|\Delta\alpha^2\right|^{\frac{\beta+1}{2}} +$$

$$\sum_{k=1}^{m}\left[M^*\left\|e^{\mathrm{T}}(t)\right\|\Delta\beta_k - l\left|\Delta\beta_k^2\right|^{\frac{\beta+1}{2}}\right]。$$

根据假设4.5,可得

$$\frac{1}{2}\text{trace}\{f^{\mathrm{T}}(t,e(t),e(t-\tau_1(t)),e(t-\tau_2(t)),\cdots,e(t-\tau_m(t)))$$

$$f(t,e(t),e(t-\tau_1(t)),e(t-\tau_2(t)),\cdots,e(t-\tau_m(t)))\}$$

$$\leqslant \frac{1}{2}\Big\{e^{\mathrm{T}}(t)P_0e(t)+\sum_{k=1}^{m}e^{\mathrm{T}}(t-\tau_k(t))P_ke(t-\tau_k(t))\Big\}。$$

综合以上计算结果,可以整合得到算子运算 $\mathcal{L}V(t)$ 的结果如下:

$$\mathcal{L}V(t)\leqslant e^{\mathrm{T}}(t)\omega_1e(t)+\sum_{k=1}^{m}e^{\mathrm{T}}(t-\tau_k(t))\omega_2e(t-\tau_k(t))-$$

$$l\Big[\mid e^{\mathrm{T}}(t)e(t)\mid^{\frac{\beta+1}{2}}+\Big(\sum_{k=1}^{m}\int_{t-\tau_k(t)}^{t}e^{\mathrm{T}}(s)e(s)\mathrm{d}s\Big)\frac{\beta+1}{2}+$$

$$\mid\Delta\alpha^2\mid^{\frac{\beta+1}{2}}+\sum_{k=1}^{m}\mid\Delta\beta_k^2\mid^{\frac{\beta+1}{2}}\Big],\tag{4-12}$$

其中,

$$\omega_1=(m-r)I-D+\frac{1}{2}P_0+\frac{1}{\xi_1}L^2+\frac{\xi_1}{2}\Big(AA^{\mathrm{T}}+\parallel\Delta\tilde{A}\parallel^2\frac{I}{2}\Big(\frac{I}{2}\Big)^{\mathrm{T}}\Big)+$$

$$\frac{1}{2}\sum_{k=1}^{m}\Big(\xi_2B_kB_k^{\mathrm{T}}+\xi_2\parallel\Delta\tilde{B}_k'\parallel^2\frac{I}{2}\Big(\frac{I}{2}\Big)^{\mathrm{T}}\Big),$$

$$\omega_2=\frac{L^2}{\xi_2}+\frac{1}{2}P_k-(1-\tau_0)I。$$

根据定理 4.1 中给定的限制条件及结果(4-12),可得

$$\mathcal{L}V(t)\leqslant-lV^\eta(t),\tag{4-13}$$

其中, $\eta=\dfrac{\beta+1}{2}$ 。

对不等式(4-13)两边同时进行求期望运算,可以得到以下表达式:

$$E(\mathcal{L}V(t))\leqslant-lE(V^\eta(t))。$$

对于任何 $t_0\geqslant\tau>0$,满足以下等式:

$$E(V^\eta(t_0))=(E(V(t_0)))^\eta。$$

因此,可以得到

$$E(\mathcal{L}V(t))\leqslant-l[E(V(t))]^\eta。$$

根据引理 4.3 给出的有限时间稳定判别理论,称 $E[V(t)]$ 能够在有限稳定时间 t_1 内收敛到零,且有限稳定时间 t_1 可依据以下计算公式计算:

$$t_1=\frac{V^{1-\eta}(0)}{l(1-\eta)},$$

其中, $\eta=\dfrac{\beta+1}{2}$ 。

定理 4.1 证毕。

注释 4.7 若适当降低控制法则的限制强度,驱动系统(4-4)和响应系统(4-8)可以实现渐近同步目标并且缩减了一定程度的控制成本。降低限制强度的控制法则给定如下:

$$u(t) = -re(t) - \bar{\xi}_1 \text{sign}(e(t)) \mid e(t) \mid^{\beta} -$$

$$\bar{\xi}_2 \frac{e(t)}{\|e(t)\|^2} \left(\sum_{k=1}^{m} \int_{t-\tau_k(t)}^{t} e^{T}(s)e(s)\,ds \right) \frac{\beta+1}{2} -$$

$$M^* \|e^{T}(t)\|^{-1} e(t) \left(\alpha' + \sum_{k=1}^{m} \beta'_k \right) + I(t) - J(t),$$

$$\bar{\xi}_1 \bar{\xi}_2 = 0,$$

$$\dot{\alpha}' = M^* \|e^{T}(t)\| - l\,\text{sign}(\Delta\alpha) \mid \Delta\alpha \mid^{\beta},$$

$$\dot{\beta}'_k = M^* \|e^{T}(t)\| - l\,\text{sign}(\Delta\beta_k) \mid \Delta\beta_k \mid^{\beta}, \tag{4-14}$$

其中,$\bar{\xi}_1$ 和 $\bar{\xi}_2$ 均为非负常数。

推论 4.1 结合假设 4.1 ~ 假设 4.5 以及引理 4.1 ~ 引理 4.5,如果在定理 4.1 中给定的限制条件对于推论 4.1 也能得到满足,则驱动系统(4-4)和响应系统(4-8)的误差系统(4-9)能够在均匀随机攻击下通过控制器(4-14)的调控实现网络稳定状态。

证明:这里构建的 Lyapunov 函数和定理 4.1 中构建的相同,因此,证明过程非常相似。为避免赘述,此处不再重复陈述直接省略推论 4.1 的证明过程。

4.3.2 仿真实验

在本节中,将设计合适的数值仿真实验来验证本章提出的方法的有效性和研究成果的正确性。设计一个二重边的忆阻切变网络,网络包含两个网络节点,具体的网络数学模型给定如下:

$$\dot{x}_i(t) = -d_i x_i(t) + \sum_{j=1}^{2} a_{ij}(x_i(t)) \bar{h}_j(x_j(t)) +$$

$$\sum_{k=1}^{2} \sum_{j=1}^{2} b_{kij}(x_i(t)) h_j(x_j(t-\tau_k(t))) + I_i(t), \tag{4-15}$$

其中,$\bar{h}_j(x_j(t)) = h_j(x_j(t)) = \tanh(x_j(t))$;$d_1 = 15, d_2 = 18$;$\tau_1(t) = 0.1 \mid \cos t \mid$,$\tau_2(t) = 0.1 \mid \sin t \mid$;因此,$\tau = 0.1$ 且 $\tau_0 = 0.1$;网络中可切变系数的取值函数给定如此:

$$a_{11}(\sigma) \begin{cases} 2 & \mid \sigma \mid \leqslant 1, \\ 1.8 & \mid \sigma \mid > 1, \end{cases} \qquad a_{12}(\sigma) = \begin{cases} -0.1 & \mid \sigma \mid \leqslant 1, \\ -0.08 & \mid \sigma \mid > 1, \end{cases}$$

$$a_{21}(\sigma)\begin{cases} -1.8 & |\sigma| \leqslant 1, \\ -2 & |\sigma| > 1, \end{cases} \qquad a_{22}(\sigma) = \begin{cases} 2.8 & |\sigma| \leqslant 1, \\ 3 & |\sigma| > 1, \end{cases}$$

$$b_{111}(\sigma)\begin{cases} -1.5 & |\sigma| \leqslant 1, \\ -1.3 & |\sigma| > 1, \end{cases} \qquad b_{112}(\sigma) = \begin{cases} -0.1 & |\sigma| \leqslant 1, \\ -0.05 & |\sigma| > 1, \end{cases}$$

$$b_{121}(\sigma)\begin{cases} -0.15 & |\sigma| \leqslant 1, \\ -0.2 & |\sigma| > 1, \end{cases} \qquad b_{122}(\sigma) = \begin{cases} -2.3 & |\sigma| \leqslant 1, \\ -2.5 & |\sigma| > 1, \end{cases}$$

$$b_{211}(\sigma)\begin{cases} -1.6 & |\sigma| \leqslant 1, \\ -1.4 & |\sigma| > 1, \end{cases} \qquad b_{212}(\sigma) = \begin{cases} 0.2 & |\sigma| \leqslant 1, \\ 0.15 & |\sigma| > 1, \end{cases}$$

$$b_{221}(\sigma)\begin{cases} -0.15 & |\sigma| \leqslant 1, \\ -0.25 & |\sigma| > 1, \end{cases} \qquad b_{222}(\sigma) = \begin{cases} -2.25 & |\sigma| \leqslant 1, \\ -2.45 & |\sigma| > 1. \end{cases}$$

根据以上给定的取值情况,可以得到以下矩阵:

$$A = \begin{bmatrix} 1.9 & -0.09 \\ -1.9 & 2.9 \end{bmatrix}, \quad B_1 = \begin{bmatrix} -1.4 & -0.075 \\ -0.175 & -2.4 \end{bmatrix}, \quad B_2 = \begin{bmatrix} -1.5 & 0.175 \\ -0.2 & -1.35 \end{bmatrix},$$

$$\Delta A = \begin{bmatrix} 0.1 & 0.01 \\ 0.1 & 0.1 \end{bmatrix}, \qquad \Delta B_1 = \begin{bmatrix} 0.1 & 0.025 \\ 0.025 & 0.1 \end{bmatrix}, \qquad \Delta B_2 = \begin{bmatrix} 0.1 & 0.025 \\ 0.05 & 0.1 \end{bmatrix},$$

$$\Delta A' = \begin{bmatrix} 0.2 & 0.02 \\ 0.2 & 0.2 \end{bmatrix}, \qquad \Delta B_1' = \begin{bmatrix} 0.2 & 0.05 \\ 0.05 & 0.2 \end{bmatrix}, \qquad \Delta B_2' = \begin{bmatrix} 0.2 & 0.05 \\ 0.1 & 0.2 \end{bmatrix}.$$

另外,

$$L = \begin{bmatrix} 1 & 0 \\ 0 & 1 \end{bmatrix}.$$

视式(4-15)为驱动系统,则遭受均匀随机攻击的响应系统数学模型给定如下:

$$\dot{y}_i(t) = -d_i y_i(t) + \sum_{j=1}^{2} a_{ij}(y_i(t))\bar{h}_j(y_j(t)) + \sum_{k=1}^{2}\sum_{j=1}^{2} b_{kij}(y_i(t))h_j(y_j(t -$$
$$\tau_k(t))) + J_i(t) + u_i(t) + f_i(t, e_i(t), e_i(t - \tau_1(t)),$$
$$e_i(t - \tau_2(t)))\dot{\omega}_i(t), \tag{4-16}$$

其中,$u_i(t)$代表控制器(4-10);$i = 1, 2$;攻击密度函数给定如下:

$$f_1(t, e_1(t), e_1(t - \tau_1(t)), e_1(t - \tau_2(t)))$$
$$= \sqrt{0.005}\, e_1(t) + \sqrt{0.25}\, e_1(t - \tau_1(t)) + \sqrt{0.25}\, e_1(t - \tau_2(t)),$$
$$f_2(t, e_2(t), e_2(t - \tau_1(t)), e_2(t - \tau_2(t)))$$
$$= \sqrt{0.025}\, e_2(t) + \sqrt{0.005}\, e_2(t - \tau_1(t)) + \sqrt{0.005}\, e_2(t - \tau_2(t)).$$

仿真用 $\omega(t) = (\omega_1(t), \omega_2(t))^T$ 表示均匀随机攻击,是一个两维 Brownian 运动,满足 $E\{\mathrm{d}\omega(t)\} = 0$ 且 $E\{[\mathrm{d}\omega(t)]^2\} = \mathrm{d}t$,根据假设 4.5,可以计算得到 $P_0 = \mathrm{diag}\{0.015, 0.075\}$,$P_1 = \mathrm{diag}\{0.75, 0.015\}$ 且 $P_2 = \mathrm{diag}\{0.75, 0.015\}$。$P_0$, P_1 和 P_2 的具体计算过程如下:

$$f_1^\mathrm{T} f_1 = 0.005 e_1^\mathrm{T}(t) e_1(t) + 0.25 e_1^\mathrm{T}(t-\tau_1(t)) e_1(t-\tau_1(t)) +$$
$$0.25 e_1^\mathrm{T}(t-\tau_2(t)) e_1(t-\tau_2(t)) + 2\sqrt{0.005}\sqrt{0.25} e_1^\mathrm{T}(t) e_1(t-\tau_1(t)) +$$
$$2\sqrt{0.005}\sqrt{0.25} e_1^\mathrm{T}(t) e_1(t-\tau_2(t)) + 0.5 e_1^\mathrm{T}(t-\tau_1(t)) e_1(t-\tau_2(t))_\circ$$

由于

$$2\sqrt{0.005}\sqrt{0.25} e_1^\mathrm{T}(t) e_1(t-\tau_1(t))$$
$$\leqslant 0.005 e_1^\mathrm{T}(t) e_1(t) + 0.25 e_1^\mathrm{T}(t-\tau_1(t)) e_1(t-\tau_1(t)),$$
$$2\sqrt{0.005}\sqrt{0.25} e_1^\mathrm{T}(t) e_1(t-\tau_2(t))$$
$$\leqslant 0.005 e_1^\mathrm{T}(t) e_1(t) + 0.25 e_1^\mathrm{T}(t-\tau_2(t)) e_1(t-\tau_2(t)),$$
$$0.5 e_1^\mathrm{T}(t-\tau_1(t)) e_1(t-\tau_2(t))$$
$$\leqslant 0.25 e_1^\mathrm{T}(t-\tau_1(t)) e_1(t-\tau_1(t)) + 0.25 e_1^\mathrm{T}(t-\tau_2(t)) e_1(t-\tau_2(t))_\circ$$

所以

$$f_1^\mathrm{T} f_1 = 0.015 e_1^\mathrm{T}(t) e_1(t) + 0.75 e_1^\mathrm{T}(t-\tau_1(t)) e_1(t-\tau_1(t)) +$$
$$0.75 e_1^\mathrm{T}(t-\tau_2(t)) e_1(t-\tau_2(t))_\circ$$

类似的,可以得到

$$f_2^\mathrm{T} f_2 = 0.075 e_2^\mathrm{T}(t) e_2(t) + 0.015 e_2^\mathrm{T}(t-\tau_1(t)) e_2(t-\tau_1(t)) +$$
$$0.015 e_2^\mathrm{T}(t-\tau_2(t)) e_2(t-\tau_2(t))_\circ$$

令 $f = \mathrm{diag}\{f_1, f_2\}$。根据假设 4.5,有

$$\mathrm{trace}(f^\mathrm{T} f) = f_1^\mathrm{T} f_1 + f_2^\mathrm{T} f_2$$
$$\leqslant e^\mathrm{T}(t) P_0 e(t) + e^\mathrm{T}(t-\tau_1(t)) P_1 e(t-\tau_1(t)) +$$
$$e^\mathrm{T}(t-\tau_2(t)) P_2 e(t-\tau_2(t))$$

因此,$P_0 = \mathrm{diag}\{0.015, 0.075\}$,$P_1 = \mathrm{diag}\{0.75, 0.015\}$ 且 $P_2 = \mathrm{diag}\{0.75, 0.015\}$。

借助 MATLAB 工具可以得到 $\xi_1 = 2.4389$ 且 $\xi_2 = 6.5395$;仿真中采用 $\beta = 0.2, M^* = 1$;驱动系统和响应系统的初始条件给定如下:$x(0) = (0.5, -6.25)^\mathrm{T}$ 且 $y(0) = (3.7, -3.4)$;系统的外部输入函数给定如下:$I_1(t) = 0.9\sin t, I_2(t) = 2.5\sin t, J_1(t) = -2.9\sin t$ 且 $J_2(t) = -3.5\sin t$;参数取值:$r = 25, l = 10.8, \alpha = 0.9, \beta_1 = 1.5$ 且 $\beta_2 = 0.5$;$\dot{\alpha}'(t), \dot{\beta}_1'(t)$ 和 $\dot{\beta}_2'(t)$ 的初始值:$\alpha'(0) = 15, \beta_1'(0) = 15, \beta'_2(0) = 15$。

根据以上设定的参数取值情况,ω_1 和 ω_2 计算如下:

$$\omega_1 = \begin{bmatrix} -19.1276 & -3.1213 \\ -3.1213 & -0.7025 \end{bmatrix}, \quad \omega_2 = \begin{bmatrix} -0.3722 & 0 \\ 0 & -0.7397 \end{bmatrix}_\circ$$

其中,ω_2 的值对于 $k = 1, 2$ 是相同的。

使用 MATLAB 软件特征值库函数 $[V_1, D_1] = \mathrm{eig}(\omega_1)$ 和 $[V_2, D_2] = \mathrm{eig}(\omega_2)$ 求 ω_1 和 ω_2 的特征根矩阵 $D_1 = \mathrm{diag}\{-19.6420, -0.1881\}$ 和 $D_2 = \mathrm{diag}\{-0.7397,$

$-0.3722\}$。这意味着 ω_1 和 ω_2 的所有特征根是负的。因此，$\omega_1<0$ 且 $\omega_2<0$。

所以，定理 4.1 中需要满足的限定条件都满足了。通过计算可知有限稳定时间 $t_1=2.2866$。通过 MATLAB 软件数值仿真得到一些仿真图，其中图 4-2 显示驱动系统(4-15)和响应系统(4-16)不带控制器输入时的状态变量随时间变化图和相位曲线，而图 4-3 显示驱动系统(4-15)和响应系统(4-16)带控制器输入(4-10)时的状态变量随时间变化和相位曲线。图 4-4(a)和图 4-4(b)分别显示误差系统(4-9)在不带控制器输入和带控制输入(4-10)时对应的误差变化曲线。

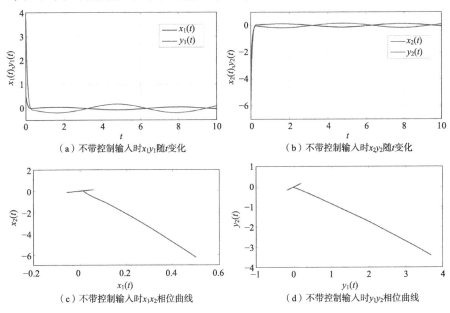

（a）不带控制输入时 x_1y_1 随 t 变化　　　　（b）不带控制输入时 x_2y_2 随 t 变化

（c）不带控制输入时 x_1x_2 相位曲线　　　　（d）不带控制输入时 y_1y_2 相位曲线

图 4-2　系统（4-15）和（4-16）不带控制输入时系统状态变量随时间的变化情况及相位曲线

此外，为了更好地验证理论结果，对决定有限稳定时间 t_1 的关键参数 l 再另外设计两个不同取值($l=4.8$ 和 $l=13.8$)分别执行数值仿真实验。通过计算，定理 4.1 的限制条件依然满足，有限稳定时间分别计算可得 $t_1=5.1448$ 和 $t_1=1.7895$。对于 $t_1=5.1448$ 和 $t_1=1.7895$ 的两种情况下，误差系统(4-9)带控制输入(4-10)的对应曲线图分别显示在图 4-4(c)和图 4-4(d)中。数值仿真结果显示，在均匀随机攻击下，驱动系统(4-15)和响应系统(4-16)在有限稳定时间 t_1 内通过控制器(4-10)调控实现了同步目标。

综合分析仿真结果图，从图 4-2 可以看到，当没有控制输入时，系统状态轨迹随时间一直在变化且驱动系统和响应系统的状态轨迹一直没有同步。但从图 4-3 中可以看到，在有控制器作用时驱动系统和响应系统实现了同步，并且同步的时间比理论有限时间更小。并且从图 4-4 可以看到，关键参数 l 取三种不同值进行仿真后,误差轨迹均能在控制器作用下收敛并稳定,收敛时间都比对应的理论有限时间更小。因此,综合图4-2～图4-4可以验证得到定理4.1的有效性和正确性。

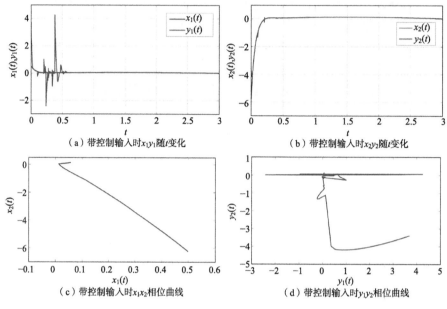

（a）带控制输入时$x_1 y_1$随t变化　　　　　　（b）带控制输入时$x_2 y_2$随t变化

（c）带控制输入时$x_1 x_2$相位曲线　　　　　　（d）带控制输入时$y_1 y_2$相位曲线

图4-3　带控制输入（4-10）时（4-15）和（4-16）的随t变化和相位曲线

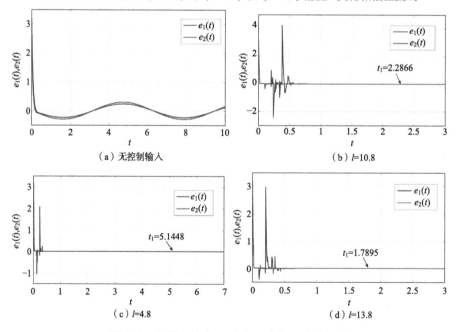

（a）无控制输入　　　　　　　　　　　　（b）l=10.8

（c）l=4.8　　　　　　　　　　　　　（d）l=13.8

图4-4　误差系统（4-9）的仿真图和变化曲线

注:子图（a）是误差系统(4-9)不带控制输入(4-10)时的仿真图;
子图（b）,（c）和（d）是误差系统(4-9)带控制输入(4-10)时的变化曲线

4.4　多边忆阻切变网络的指数同步控制

本节提出一种合适的自适应控制器用于网络同步控制,结合均匀随机攻击研究带时变时延的多边忆阻切变网络的指数同步控制问题。

设计的自适应控制器以及相应控制参数的更新规则给定如下:

$$u(t) = -m_1(t)e(t) - m_2(t)\text{sign}(e(t)) -$$

$$M^* \| e^{\text{T}}(t) \|^{-1}e(t)\left(\alpha' + \sum_{k=1}^{m}\beta'_k\right) + I(t) - J(t),$$

$$\dot{\alpha}' = M^* \| e^{\text{T}}(t) \| - l\text{sign}(\Delta\alpha) \mid \Delta\alpha \mid^{\beta},$$

$$\dot{\beta}'_k = M^* \| e^{\text{T}}(t) \| - l\text{sign}(\Delta\beta_k) \mid \Delta\beta_k \mid^{\beta},$$

$$\dot{m}_1(t) = r_1 e^{\text{T}}(t)e(t),$$

$$\dot{m}_2(t) = r_2 \| e(t) \|, \tag{4-17}$$

其中,r_1 和 r_2 均为正值常数;$m_1(t)$ 和 $m_2(t)$ 是时变参数;其他与控制器(4-10)中相同的标记符号意义也相同。

4.4.1　主要结论

通过对均匀随机攻击下带时变时延的多边忆阻切变网络的指数同步控制问题研究,获得以下相关定理、推论等主要结论。

定理 4.2　结合假设 4.1 ~ 假设 4.5 以及引理 4.1 ~ 引理 4.6,如果以下给定的一系列条件均得到满足,则驱动系统(4-4)和响应系统(4-8)的误差系统(4-9)能够通过自适应控制器(4-17)实现均匀随机攻击环境中的稳定目标。需要被满足的限制条件给定如下:

$$\begin{bmatrix} \overline{\omega}_0 & A & \dfrac{1}{2}I & \overline{B} & \dfrac{1}{2}I \\[2mm] * & -\dfrac{2}{\xi_1}I & 0 & 0 & 0 \\[2mm] * & * & -\dfrac{2}{\xi_1 \| \Delta\tilde{A} \|^2}I & 0 & 0 \\[2mm] * & * & * & -\dfrac{2}{\xi_2}I & 0 \\[2mm] * & * & * & * & -\sum_{k=1}^{m}\dfrac{2}{\xi_2 \| \Delta\tilde{B}'_k \|^2}I \end{bmatrix} \leqslant 0,$$

$$\frac{L^2}{\xi_2} + \frac{1}{2}P_k - (1 - \tau_0)I \leqslant 0,$$

$$\overline{\omega}_0 = (m - m_1 + \overline{\eta})I - D + \frac{1}{2}P_0 + \frac{L^2}{\xi_1},$$

$$\overline{B} = [B_1, B_2, \cdots, B_m],$$

其中,常数 $\overline{\eta} > 0$, $m_2 \geqslant 0$;常数 $\xi_1 > 0$, $\xi_2 > 0$; I 表示单位矩阵。

证明: 构造 Lyapunov 函数为

$$V(t) = \frac{1}{2}e^{\mathrm{T}}(t)e(t) + \sum_{k=1}^{m}\int_{t-\tau_k(t)}^{t}e^{\mathrm{T}}(s)e(s)\mathrm{d}s +$$

$$\frac{1}{2}(\Delta\alpha^2 + \sum_{k=1}^{m}\Delta\beta_k^2) + \frac{1}{2r_1}(m_1(t) - m_1)2 + \frac{1}{2r_2}(m_2(t) - m_2)2,$$

其中, $m_2 \geqslant 0$。

根据伊藤公式计算算子运算 $\mathcal{L}V(t)$,结果如下:

$$\mathcal{L}V(t) = e^{\mathrm{T}}(t)\Big[-De(t) + (A + \Delta A_1(t))g_1(e(t)) +$$

$$\sum_{k=1}^{m}(B_k + \Delta B_k'(t))g_2(e(t - \tau_k(t))) + (\Delta A_1(t) - \Delta A_0(t))\overline{h}(x(t)) +$$

$$\sum_{k=1}^{m}(\Delta B_k'(t) - \Delta B_k(t))h(x(t - \tau_k(t))) + u(t) + J(t) - I(t)\Big] +$$

$$\frac{1}{2}\mathrm{trace}\{f^{\mathrm{T}}(t, e(t), e(t - \tau_1(t)), e(t - \tau_2(t)), \cdots, e(t - \tau_m(t)))$$

$$f(t, e(t), e(t - \tau_1(t)), e(t - \tau_2(t)), \cdots, e(t - \tau_m(t)))\} +$$

$$\sum_{k=1}^{m}\big[e^{\mathrm{T}}(t)e(t) - (1 - \dot{\tau}_k(t))e^{\mathrm{T}}(t - \tau_k(t))e(t - \tau_k(t))\big] +$$

$$\Delta\alpha\Delta\dot{\alpha} + \sum_{k=1}^{m}\Delta\beta_k\Delta\dot{\beta}_k + \frac{1}{r_1}(m_1(t) - m_1)\dot{m}_1(t) +$$

$$\frac{1}{r_2}(m_2(t) - m_2)\dot{m}_2(t)。 \tag{4-18}$$

结合定理 4.1 中对算子运算 $\mathcal{L}V(t)$ 的处理过程和结果,可以直接给出如下结果:

$$\mathcal{L}V(t) \leqslant e^{\mathrm{T}}(t)\omega_3 e(t) + \sum_{k=1}^{m}e^{\mathrm{T}}(t - \tau_k(t))\omega_4 e(t - \tau_k(t)) - l\Big[\mathcal{L}\Delta\alpha^2\mathcal{L}^{\frac{\beta+1}{2}} +$$

$$\sum_{k=1}^{m}|\Delta\beta_k^2\mathcal{L}^{\frac{\beta+1}{2}}\Big] + e^{\mathrm{T}}(t)\big[-m_1(t)e(t) - m_2(t)\mathrm{sign}(e(t))\big] + \frac{1}{r_1}$$

$$(m_1(t) - m_1)r_1 e^{\mathrm{T}}(t)e(t) + \frac{1}{r_2}(m_2(t) - m_2)r_2\|e(t)\|$$

$$\leqslant e^{\mathrm{T}}(t)\omega_5 e(t) + \sum_{k=1}^{m}e^{\mathrm{T}}(t - \tau_k(t))\omega_4 e(t - \tau_k(t)) - \overline{\eta}e^{\mathrm{T}}(t)e(t),$$

其中，

$$\omega_5 = (m - m_1 + \overline{\eta})I - D + \frac{1}{2}P_0 + \frac{1}{\xi_1}L^2 + \frac{\xi_1}{2}\left(AA^{\mathrm{T}} + \|\Delta\tilde{A}\|^2\frac{I}{2}\left(\frac{I}{2}\right)^{\mathrm{T}}\right) +$$

$$\frac{1}{2}\sum_{k=1}^{m}\left(\xi_2 B_k B_k^{\mathrm{T}} + \xi_2 \|\Delta\tilde{B}_k'\|^2\frac{I}{2}\left(\frac{I}{2}\right)^{\mathrm{T}}\right),$$

$$\omega_4 = \frac{L^2}{\xi_2} + \frac{1}{2}P_k - (1 - \tau_0)I。$$

根据定理 4.2 中给定的限制条件以及 Schur 补定理，可以得到

$$\mathcal{L}V(t) \leqslant -\overline{\eta}e^{\mathrm{T}}(t)e(t)。$$

根据 Itos 公式，可以得到

$$EV(t) - EV(0) = \int_0^t E\mathcal{L}V \leqslant -\overline{\eta}\int_0^t E(e^{\mathrm{T}}(s)e(s))\mathrm{d}s。 \tag{4-19}$$

计算结果(4-19)意味着以下结论：

$$\frac{1}{2}E\|e(t)\|^2 \leqslant EV(t) \leqslant EV(0) - \overline{\eta}\int_0^t E(e^{\mathrm{T}}(s)e(s))\mathrm{d}s。$$

根据引理 4.6，可以得到以下结果：

$$E\|e(t)\|^2 \leqslant 2EV(0)\exp(-2\overline{\eta}t)。$$

对于区间 $0 \leqslant \tau_k(t) \leqslant \tau$ 上的初始条件，可计算 $EV(0)$：

$$EV(0) = \frac{1}{2}Ee^{\mathrm{T}}(0)e(0) + \sum_{k=1}^{m}\int_{-\tau_k(t)}^{0}Ee^{\mathrm{T}}(s)e(s)\mathrm{d}s + \frac{1}{2}\left[(\alpha'(0) - \alpha)^2 + \right.$$

$$\left.\sum_{k=1}^{m}(\beta_k'(0) - \beta_k)^2\right] + \frac{1}{2r_1}(m_1(0) - m_1)^2 + \frac{1}{2r_2}(m_2(0) - m_2)^2$$

$$\leqslant \frac{1}{2}E\sup_{-\tau < \theta < 0}\|\varepsilon(\theta)\|^2 + \tau\sum_{k=1}^{m}E\sup_{-\tau < \theta < 0}\|\varepsilon(\theta)\|^2 + \frac{1}{2}\left[(\alpha'(0) - \alpha)^2 + \right.$$

$$\left.\sum_{k=1}^{m}(\beta_k'(0) - \beta_k)^2\right] + \frac{1}{2r_1}(m_1(0) - m_1)2 + \frac{1}{2r_2}(m_2(0) - m_2)^2。$$

$$\tag{4-20}$$

根据以上分析，可以得到最终结论如下：

$$E\|e(t)\|^2 \leqslant \mu_1\exp(-\mu_2 t)。 \tag{4-21}$$

其中，

$$\mu_1 = 2EV(0)，$$

$$\mu_2 = 2\overline{\eta}。$$

因此，根据定义 4.1，驱动系统(4-4)和响应系统(4-8)可以在均匀随机攻击中获得均方意义上的指数同步，衰减率为 μ_2。

定理 4.2 证毕。

推论 4.2　结合假设 4.1～假设 4.5 以及引理 4.1～引理 4.6，如果以下给定的

一系列条件均得到满足,则驱动系统(4-4)和响应系统(4-8)的误差系统(4-9)能够通过后面给出的自适应控制器(4-22)实现均匀随机攻击环境中的稳定目标。需要满足的限制条件给定如下:

$$
\begin{bmatrix}
\overline{\omega}_0 & A & \dfrac{1}{2}I & \overline{B} & \dfrac{1}{2}I \\
* & -\dfrac{2}{\xi_1}I & 0 & 0 & 0 \\
* & * & -\dfrac{2}{\xi_1\|\Delta\tilde{A}\|^2}I & 0 & 0 \\
* & * & * & -\dfrac{2}{\xi_2}I & 0 \\
* & * & * & * & -\sum_{k=1}^{m}\dfrac{2}{\xi_2\|\Delta\tilde{B}'_k\|^2}I
\end{bmatrix} < 0,
$$

$$\frac{L^2}{\xi_2} + \frac{1}{2}P_k - (1-\tau_0)I \leqslant 0,$$

$$\overline{\omega}_0 = (m - m_1 + \overline{\eta})I - D + \frac{1}{2}P_0 + \frac{L^2}{\xi_1},$$

$$\overline{B} = [B_1, B_2, \cdots, B_m]_\circ$$

对应给出的自适应控制法则给定如下,相较控制法则(4-17),控制法则(4-22)在控制强度上有所减低:

$$u(t) = -m_1(t)e(t) - M^*\|e^{\mathrm{T}}(t)\|^{-1}e(t)\left(\alpha' + \sum_{k=1}^{m}\beta'_k\right) + I(t) - J(t),$$

$$\dot{\alpha}' = M^*\|e^{\mathrm{T}}(t)\| - l\,\mathrm{sign}(\Delta\alpha)\,|\Delta\alpha|^{\beta},$$

$$\dot{\beta}'_k = M^*\|e^{\mathrm{T}}(t)\| - l\,\mathrm{sign}(\Delta\beta_k)\,|\Delta\beta_k|^{\beta},$$

$$\dot{m}_1(t) = r_1 e^{\mathrm{T}}(t)e(t)_\circ \tag{4-22}$$

注释4.8 由于忆阻器的引入,大量的研究人员或机构投入到关于忆阻神经网络的同步研究中,形成大量相关研究成果。比如,Li 等[22]研究了采用两种算法分别研究了带/不带不匹配参数的忆阻耦合神经网络的滞后同步问题。Chen 等[23]研究了带混合时延的忆阻神经网络的有限时间同步问题。Abdurahman 等[24]讨论了一类带混合时延忆阻神经网络的指数滞后同步问题。在本章中,结合考虑现实系统运行环境中可能影响因素,采用反馈控制器和自适应控制器研究了均匀随机攻击下的带多重边和多时延项的忆阻切变网络的有限时间同步控制问题和指数同步控制问题。

注释4.9 最近,Tang 等[25]研究了非线性耦合的一致/非一致 Lur'e 网络的有限时间簇同步问题。Liu 等[26]讨论了带非连续激活函数和非连续控制器的神经网络的有限时间稳定性问题。Aghababa 等[27]采用滑模控制技术研究了两类带完全未知参数的混沌系统之间的有限时间混沌同步。Tang 等[28]关注了带时变时延的非一致性耦合神经网络的指数同步问题。而本章引入均匀随机攻击,采用反馈控制策略和自适应控制策略研究带多重边和时变时延忆阻切变网络的有限时间同步问题和指数同步问题,尚未发现这一问题的研究成果发表。因此,使用非集值映射和微分包含经典分析技术来预处理本章根据实际生物神经系统真实结构提出的多边忆阻切变网络,并基于此对其丰富动力学行为进行探索研究。

4.4.2　仿真实验

在本小节中,设计合适的数值仿真实验,通过实验验证本章提出的针对均匀随机攻击中多重边 MSNs 指数同步问题的控制方法的有效性、可行性以及研究成果的正确性。

将网络(4-15)视为驱动系统,则相应的响应系统具体给定如下:

$$
\begin{aligned}
\dot{y}_i(t) = {} & -d_i y_i(t) + \sum_{j=1}^{2} a_{ij}(y_i(t)) \bar{h}_j(y_j(t)) + \sum_{k=1}^{2} \sum_{j=1}^{2} b_{kij}(y_i(t)) h_j(y_j(t - \\
& \tau_k(t))) + J_i(t) + u_i(t) + f_i(t, e_i(t), e_i(t - \tau_1(t)), e_i(t - \\
& \tau_2(t))) \dot{\omega}_i(t),
\end{aligned}
\tag{4-23}
$$

其中,$i = 1, 2$;$u_i(t)$用于描述自适应控制法则(4-17);攻击密度函数与第 4.3.2 节的仿真实验中的一样。

相关参数取值为 $\xi_1 = 0.5, \xi_2 = 3.5, r_1 = 0.5, r_2 = 0.5, m_1 = m_2 = 25.7, \bar{\eta} = 0.5$ 且 $l = 23.1$。$m_1(0)$ 和 $m_2(0)$ 的初始值设定为 3.7。其他相同的参数取值与第 4.3.2 节仿真实验一样。当相关参数给定如上时,可以通过计算得到如下的 ω_5 和 ω_4:

$$
\omega_5 = \begin{bmatrix} -19.3276 & -3.1213 \\ -3.1213 & -0.9025 \end{bmatrix}, \quad \omega_4 = \begin{bmatrix} -0.3722 & 0 \\ 0 & -0.7397 \end{bmatrix}.
$$

其中,ω_4 的值对于 $i = 1, 2$ 均相同。

在 MATLAB 中使用特征值库函数 $[V_5, D_5] = \mathrm{eig}(\omega_5)$ 和 $[V_4, D_4] = \mathrm{eig}(\omega_4)$ 解 ω_5 和 ω_4 的特征根矩阵 $D_5 = \mathrm{diag}\{-19.8420, -0.3881\}$ 和 $D_4 = \mathrm{diag}\{-0.7397, -0.3722\}$。这意味着 ω_5 和 ω_4 的所有特征根是负的。因此,$\omega_5 < 0$ 且 $\omega_4 < 0$。

所以,定理 4.2 中需要满足的限定条件都满足了。通过 MATLAB 软件数值仿真得到一些仿真图,其中图 4-5 显示驱动系统(4-15)和响应系统(4-23)不带控制器输入时的状态变量随时间变化图和相位曲线,而图 4-6 显示驱动系统(4-15)和响应系统(4-23)带控制器输入(4-17)时的状态变量随时间变化和相位曲线。图 4-7(a)和图 4-7(b)分别显示误差系统(4-9)在不带控制器输入和带控制输入(4-17)时对应的误差变化曲线。

此外,为了更好地验证理论结果,对决定自适应控制法则中的关键控制参数 r_1 和 r_2 再另外设计两组不同取值($r_1 = 5.5$,$r_2 = 5.5$;$r_1 = 9.5$,$r_2 = 9.5$)分别执行数值仿真实验。通过计算,定理 4.2 的限制条件依然满足。对于 $r_1 = 5.5$,$r_2 = 5.5$ 以及 $r_1 = 9.5$,$r_2 = 9.5$ 的两组不同取值情况下,误差系统(4-9)带控制输入(4-17)的对应曲线图分别显示在图 4-7(c)和图 4-7(d)中。数值仿真结果显示,在均匀随机攻击下,驱动系统(4-15)和响应系统(4-23)通过控制器(4-17)调控实现了同步目标。

综合分析仿真结果图,从图 4-5 可以看到,当没有控制输入时,系统状态轨迹随时间一直在变化且驱动系统和响应系统的状态轨迹一直没有同步。但从图 4-6 中可以看到,在有控制器作用时驱动系统和响应系统实现了同步。并且从图 4-7 可以看到,关键控制参数 r_1 和 r_2 取三组不同值进行仿真后,误差轨迹均能在控制器作用下收敛并稳定。因此,综合图 4-5 ~ 图 4-7 可以验证得到定理 4.2 的有效性和正确性。

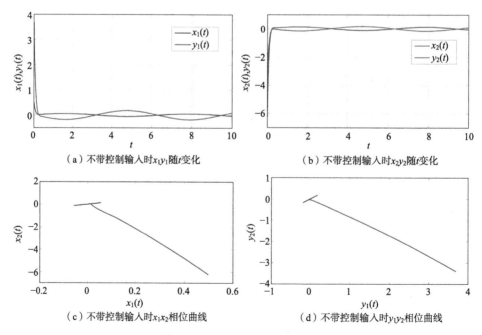

(a)不带控制输入时 $x_1 y_1$ 随 t 变化

(b)不带控制输入时 $x_2 y_2$ 随 t 变化

(c)不带控制输入时 $x_1 x_2$ 相位曲线

(d)不带控制输入时 $y_1 y_2$ 相位曲线

图4-5 系统(4-15)和(4-23)不带控制输入时系统状态变量随时间的变化情况及相位曲线

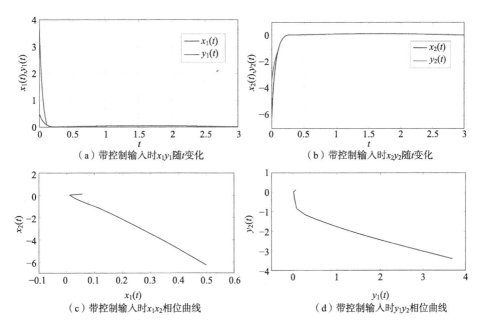

（a）带控制输入时x_1y_1随t变化　　　　　（b）带控制输入时x_2y_2随t变化

（c）带控制输入时x_1x_2相位曲线　　　　　（d）带控制输入时y_1y_2相位曲线

图4-6　子带控制输入（4-17）时系统（4-15）和（4-23）的随 t 变化和相位曲线

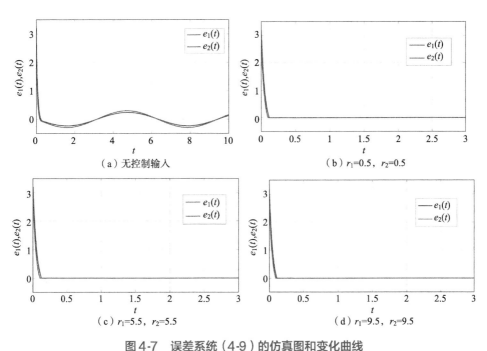

（a）无控制输入　　　　　　　　　　（b）r_1=0.5，r_2=0.5

（c）r_1=5.5，r_2=5.5　　　　　　　　　（d）r_1=9.5，r_2=9.5

图4-7　误差系统（4-9）的仿真图和变化曲线

注：子图（a）是误差系统(4-9)不带控制输入时的仿真图；

其余三个子图是误差系统(4-9)带控制输入(4-17)时变化曲线

参考文献

[1] SOUDRY D, DI C D, GAL A, et al. Memristor-based multilayer neural networks with online gradient descent training[J]. IEEE Transactions on Neural Networks & Learning Systems, 2015, 26(10):2408-2421.

[2] ABDURAHMAN A, JIANG H, RAHMAN K. Function projective synchronization of memristor-based Cohen-Grossberg neural networks with time-varying delays[J]. Cognitive Neurodynamics, 2015, 9(6):603-613.

[3] CHEN L, LIU C, WU R, et al. Finite-time stability criteria for a class of fractional-order neural networks with delay[J]. Neural Computing and Applications, 2016, 27(3):549-556.

[4] WU X, LIU Y, ZHOU J. Pinning adaptive synchronization of general time-varying delayed and multi-linked networks with variable structures[J]. Neurocomputing, 2015, 147(1):492-499.

[5] SHI K, LIU X, ZHU H, et al. Novel integral inequality approach on master-slave synchronization of chaotic delayed Lur'e systems with sampled-data feedback control[J]. Nonlinear Dynamics, 2016, 83(3):1259-1274.

[6] ZHANG W, LI C, HUANG T, et al. Exponential stability of inertial BAM neural networks with time-varying delay via periodically intermittent control[J]. Neural Computing and Applications, 2015, 26(7):1781-1787.

[7] MATHIYALAGAN K, ANBUVITHYA R, SAKTHIVEL R, et al. Non-fragile H_∞ synchronization of memristor-based neural networks using passivity theory[J]. Neural Networks, 2016, 74(C):85-100.

[8] YANG X, HO D. Synchronization of delayed memristive neural networks: robust analysis approach[J]. IEEE Transactions on Cybernetics, 2015, 46(12):3377-3387.

[9] Institute of Curriculum and Teaching Materials. Biological compulsory course 3: the steady state and environment[M]. Beijing: People's Education Press, 2015.

[10] WANG W, LI L, PENG H, et al. Finite-Time anti-synchronization control of memristive neural networks with stochastic perturbations[J]. Neural Processing Letters, 2016, 43(1):49-63.

[11] YANG X, CAO J, LIANG J. Exponential synchronization of memristive neural networks with delays: interval matrix method[J]. IEEE Transactions on Neural Networks & Learning Systems, 2016, 28(8):1878-1888.

[12] WEI H, LI R, CHEN C, et al. Sampled-data state estimation for delayed memristive neural networks with reaction-diffusion terms: Hardy-Poincarè inequality[J]. Neurocomputing, 2017, 266:494-505.

[13] LI R, CAO J, ALSAEDI A, et al. Non-fragile state observation for delayed memristive neural networks: continuous-time case and discrete-time case[J]. Neurocomputing, 2017, 245(C):102-113.

[14] LI R, CAO J. Finite-time and fixed-time stabilization control of delayed memristive neural

networks: robust analysis technique[J]. Neural processing letters,2018,47(3): 1077-1096.

[15] ABDURAHMAN A,JIANG H,TENG Z. Finite-time synchronization for memristor-based neural networks with time-varying delays. [J]. Neural Networks,2015,69(3-4):20-28.

[16] MEI J,JIANG M,WANG B,et al. Finite-time parameter identification and adaptive synchronization between two chaotic neural networks[J]. Journal of the Franklin Institute,2013, 350(6):1617-1633.

[17] BOYD S,GHAOUI LE,FERON E,et al. Linear matrix inequalities in system and control theory [M]. Philadelphia: Society for industrial and applied mathematics,1994.

[18] TANG Y. Terminal sliding mode control for rigid robots[J]. Automatica,1998,34(1),51-56.

[19] WANG J,JIAN J,YAN P. Finite-time boundedness analysis of a class of neutral type neural networks with time delays[C]//International Symposium on Neural Networks,2009: 395-404.

[20] MAO X. A note on the lasalle-type theorems for stochastic differential delay equations[J]. Journal of Mathematical Analysis & Applications,2002,268(1):125-142.

[21] BERNT K. Stochastic differential equation: an introduction with applications[M]. New York: Springer,2005.

[22] LI N,CAO J. Lag synchronization of memristor-based coupled neural networks via ω-measure [J]. IEEE Transactions on Neural Networks & Learning Systems,2016,27(3):686-697.

[23] CHEN C,LI L,PENG H,et al. Finite-time synchronization of memristor-based neural networks with mixed delays[J]. Neurocomputing,2017,235(C):83-89.

[24] ABDURAHMAN A,JIANG H,TENG Z. Exponential lag synchronization for memristor-based neural networks with mixed time delays via hybrid switching control[J]. Journal of the Franklin Institute,2016,353(13): 2859-2880.

[25] TANG Z,PARK J H,SHEN H. Finite-time cluster synchronization of Lur' e networks: A nonsmooth approach[J]. IEEE Transactions on Systems,Man,and Cybernetics: Systems,2017, 48(8): 1213-1224.

[26] LIU X,PARK J H,JIANG N,et al. Nonsmooth finite-time stabilization of neural networks with discontinuous activations[J]. Neural Networks,2014,52(4):25-32.

[27] AGHABABA M P,KHANMOHAMMADI S,ALIZADEH G. Finite-time synchronization of two different chaotic systems with unknown parameters via sliding mode technique [J]. Applied Mathematical Modelling,2011,35(6): 3080-3091.

[28] TANG Z,PARK J H,FENG J. Impulsive effects on quasi-synchronization of neural networks with parameter mismatches and time-varying delay[J]. IEEE Transactions on Neural Networks and Learning Systems,2017,29(4): 908-919.

第5章

带混合时延的多边忆阻切变网络的间歇牵制同步控制研究

在前面章节中基于多边忆阻切变网络进行了一些网络稳定性和同步性问题的研究工作,并提出一系列调控网络同步的控制准则。本章将继续深入研究提取于生物神经系统的人工神经网络数学模型,构建更贴近生物神经系统真实、复杂结构和工作机制的忆阻切变网络模型;设计一种灵活易调且缩减控制成本的可切变间歇牵制控制技术,采用微分包含关键性理论基于本章提出的网络模型进行稳定性和同步性问题的探索、讨论。

 ## 5.1 带多重边和混合时变时延的忆阻切变

网络模型构建

由于忆阻神经网络能够更好地模拟大脑的功能和行为,使得基于忆阻神经网络的同步行为研究成为热点关注[1]。同步相关研究成果在众多学科领域具有一些重要的潜在应用,如生物学、安全通信技术、社会学和控制理论等领域。自然而然的,基于忆阻神经网络的同步等动力学行为研究也备受关注[2-5]。Wang 等[6]关注带时变时延的忆阻神经网络的自适应同步控制的问题。Guo 等[7]通过多种耦合规则研究两个时变时延忆阻周期神经网络的全局指数同步的问题。Bao 等[8]研究了带多时变时延项的耦合随机忆阻神经网络的指数同步的问题。Yang 等[9]针对带时延耦合忆阻神经网络研究了第 p 时刻指数随机同步的问题。

为了调控实现忆阻神经网络的同步目标,形成了众多相关网络控制技术,包括连续型/非连续型控制方法,如间歇控制技术、自适应控制技术、牵制控制技术、反馈控制技术,等等。但是有一点值得注意的是,根据这众多研究成果可以发现,在已存在的经典忆阻神经网络模型中将真实生物神经元之间的连接途径建模为一条单纯的加权连边。然而,通过关于生物神经系统构造和工作机制相关的研究成果可知,生物神经元细胞的轴突末梢分化形成若干多个分枝(各分枝亦称为突触小体)。突触小体可以与相邻其他神经元细胞的树突、细胞体等部位接触形成不同接触形式的突触,如轴突-轴突突触、轴突-细胞体突触、轴突-树突突触等[10]。也就是说,相接触的两个神经元之间可以存在多重连接边。图 5-1 给出了两个神经元之间包含多类型接触形式突触的示意图。对于神经元之间的信息传导工作机制,神经递质需要经历由突触前部到突触后部的释放、扩散等信息传递过程。这意味着相连神经元细胞之间信息传导必然存在一定时延。综合考虑以上分析,容易发现当前已存在的单边经典忆阻神经网络模型已不足以描述神经系统的这一复杂生物结构特征。

因此,根据生物神经系统的真实复杂结构提出一个新颖的神经网络数学模型,即带多重边和混合时变时延的忆阻切变网络模型。在这一新网络模型的构建中,神经元之间的复杂多接触形式以及兴奋传导时延被引入考虑以便该网络模型可以更贴近地描述和探索生物神经元的工作机制。因此,这也使得新网络模型的动力学行为更为复杂。本章重点研究该网络模型的指数同步行为问题和自适应同步行为问题。为了实现网络同步目标,给出一种可切变间歇牵制控制法则,通过该控制法则可缩减同步控制成本。在传统的牵制同步控制技术研究中,用于作为牵制控制的网络节点的选取可能会极大地影响网络的同步情况。然而,在本章的可切变间歇牵制控制法则设计中充分考虑这一问题同时保证控制成本的有效缩减。

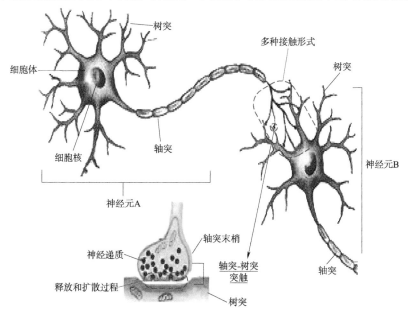

图 5-1　带多种类型接触形式的神经元和突触示意图

符号说明:在本章中,假设使用的矩阵是维度兼容的,除非特殊说明的时候除外。对于矩阵或向量 A,$\|A\|_1$ 表示 A 的一范数。$\|A\|_2$ 表示 A 的二范数,$\|A\|_\infty$ 表示 A 的无穷范数。对于集合 C,$\mathrm{co}[C]$ 代表集合 C 的凸闭包。

5.2 知识储备与模型描述

在本节中,将详细描述构建的新网络数学模型,并给出本章研究内容使用到的相关预备知识。

5.2.1 网络模型描述

与传统单权边的忆阻神经网络模型相比,本章根据生物神经元之间包含多种接触形式连边提出一种带多重权边的人工神经网络数学模型以便描述这一复杂神经系统结构。同时,由于兴奋在神经元之间传导时需要经历神经递质的释放和扩散等过程,本章引入混合时变时延项至网络模型中以便更贴近地体现神经元的这一真实工作机制。网络构建从生物神经系统真实工作机制和机构出发,因此基于该新网络模型的动力学行为研究具有更强的实际意义。

带多重边和混合时变时延的忆阻切变网络(MSNs)数学模型具体给定如下所示:

$$
\begin{aligned}
\dot{x}_i(t) &= -c_i x_i(t) + \sum_{j=1}^{N} a_{ij}(x_i(t)) f_j^1(x_j(t)) + \sum_{j=1}^{N} b_{1ij}(x_i(t)) f_j^2(x_j(t - \\
&\quad \tau_1(t))) + \cdots + \sum_{j=1}^{N} b_{mij}(x_i(t)) f_j^2(x_j(t - \tau_m(t))) + \\
&\quad \sum_{j=1}^{N} c_{1ij}(x_i(t)) \int_{t-\delta_1(t)}^{t} f_j^3(x_j(s)) \mathrm{d}s + \cdots + \\
&\quad \sum_{j=1}^{N} c_{mij}(x_i(t)) \int_{t-\delta_m(t)}^{t} f_j^3(x_j(s)) \mathrm{d}s + I_i(t) \\
&= -c_i x_i(t) + \sum_{j=1}^{N} a_{ij}(x_i(t)) f_j^1(x_j(t)) + \sum_{k=1}^{m}\sum_{j=1}^{N} b_{kij}(x_i(t)) f_j^2(x_j(t - \tau_k(t))) + \\
&\quad \sum_{k=1}^{m}\sum_{j=1}^{N} c_{kij}(x_i(t)) \int_{t-\delta_k(t)}^{t} f_j^3(x_j(s)) \mathrm{d}s + I_i(t),
\end{aligned} \tag{5-1}
$$

其中,$i \in \zeta \triangleq \{1,\cdots,N\}$,且 $N \geqslant 2$ 是忆阻切变网络的节点数量;$x_i(t)$ 用于描述电容器 C_i 的电压;$f_j^1(x_j(t))$ 和 $f_j^2(x_j(t-\tau_k(t)))$ 分别用于描述不带时延和带时延的反馈激活函数;$f_j^3(x_j(t))$ 表示不带时延项的有界反馈激活函数;$\delta_k(t)$ 和 $\tau_k(t)$($k=1,\cdots,m$)分别用于描述第 k 重子网的分布式时延项和离散时延项;$0 \leqslant \tau_k(t) \leqslant \tau_k$,

$0 \leqslant \delta_k(t) \leqslant \tau'_k, \dot{\tau}_k(t) \leqslant \epsilon < 1$，且常数 τ_k，τ'_k 和 ϵ 均为正的；$\varphi(s) = (\varphi_1(s), \varphi_1(s), \cdots, \varphi_N(s))^{\mathrm{T}} \in C([-\tau_0, 0], \mathbf{R}^N)$ 表示系统（5-1）的初始条件，且 $\tau_0 = \max\{\tau_k, \tau'_k\}$；$c_i$ 表示网络节点的自抑制作用；参数 $a_{ij}(x_i(t))$，$b_{kij}(x_i(t))$ 和 $c_{kij}(x_i(t))$ 是基于忆阻取值的，且

$$a_{ij}(x_i(t)) = \frac{M_{f^1_{ij}}}{C_i} \times \mathrm{sgn}_{ij}, \ b_{kij}(x_i(t)) = \frac{M_{f^2_{kij}}}{C_i} \times \mathrm{sgn}_{ij}, \ c_{kij}(x_i(t)) = \frac{M_{f^3_{kij}}}{C_i} \times \mathrm{sgn}_{ij},$$

$$\mathrm{sgn}_{ij} = \begin{cases} 1 & i=j, \\ -1 & i \neq j, \end{cases}$$

其中，$M_{f^1_{ij}}$，$M_{f^2_{kij}}$ 和 $M_{f^3_{kij}}$ 分别用于表示忆阻器 R^1_{ij}，R^2_{kij} 和 R^3_{kij} 的忆阻值。R^1_{ij} 表示 $f^1_j(x_j(t))$ 和 $x_i(t)$ 之间的忆阻器。R^2_{kij} 表示 $f^2_j(x_j(t-\tau_k(t)))$ 和 $x_i(t)$ 之间的忆阻器。R^3_{kij} 表示 $\int_{t-\delta_k(t)}^{t} f^3_j(x_j(s))\mathrm{d}s$ 和 $x_i(t)$ 之间的忆阻器。

注释 5.1　基于以上给出的切变神经网络模型分析易知：①若将网络模型中的多重边简化成一条单纯边，则 MSNs 网络模型将退化为经典的单边忆阻神经网络模型；②若将网络模型中的依赖于忆阻取值的权值系数给定为常数，则 MSNs 网络模型将退化为经典的复杂动态网络模型。

根据忆阻器的物理属性，基于忆阻取值的权值系数 $a_{ij}(x_i(t))$，$b_{kij}(x_i(t))$ 和 $c_{kij}(x_i(t))$ 数学模型给定如下：

$$a_{ij}(x_i(t)) = \begin{cases} \dot{a}_{ij} & |x_i(t)| \leqslant \Gamma_i, \\ \ddot{a}_{ij} & |x_i(t)| > \Gamma_i, \end{cases}$$

$$b_{kij}(x_i(t)) = \begin{cases} \dot{b}_{kij} & |x_i(t)| \leqslant \Gamma_i^k, \\ \ddot{b}_{kij} & |x_i(t)| > \Gamma_i^k, \end{cases}$$

$$c_{kij}(x_i(t)) = \begin{cases} \dot{c}_{kij} & |x_i(t)| \leqslant \Gamma_i^k, \\ \ddot{c}_{kij} & |x_i(t)| > \Gamma_i^k, \end{cases}$$

其中，Γ_i 和 Γ_i^k 是常数；符号 $\dot{a}_{ij}, \ddot{a}_{ij}, \dot{b}_{kij}, \ddot{b}_{kij}, \dot{c}_{kij}$ 和 $\ddot{c}_{kij}$ 均表示常数。

在此引入集值映射和微分包含理论[11,12]来分析研究忆阻切变网络的动力学行为。根据数学模型（5-1），可以处理得到以下表达式：

$$\dot{x}_i(t) \in -c_i x_i(t) + \sum_{j=1}^{N} \mathrm{co}[a_{ij}(x_i(t))] f^1_j(x_j(t)) +$$
$$\sum_{k=1}^{m} \sum_{j=1}^{N} \mathrm{co}[b_{kij}(x_i(t))] f^2_j(x_j(t-\tau_k(t))) +$$
$$\sum_{k=1}^{m} \sum_{j=1}^{N} \mathrm{co}[c_{kij}(x_i(t))] \int_{t-\delta_k(t)}^{t} f^3_j(x_j(s))\mathrm{d}s + I_i(t), \quad (5\text{-}2)$$

其中，$t > 0, i = 1, 2, \cdots, N$，并且

$$\mathrm{co}[\,a_{ij}(x_i(t))\,] = \begin{cases} \dot{a}_{ij} & |\,x_i(t)\,| < \Gamma_i, \\ [\,\underline{a}_{ij}, \overline{a}_{ij}\,] & |\,x_i(t)\,| = \Gamma_i, \\ \ddot{a}_{ij} & |\,x_i(t)\,| > \Gamma_i, \end{cases}$$

$$\mathrm{co}[\,b_{kij}(x_i(t))\,] = \begin{cases} \dot{b}_{kij} & |\,x_i(t)\,| < \Gamma_i^k, \\ [\,\underline{b}_{kij}, \overline{b}_{kij}\,] & |\,x_i(t)\,| = \Gamma_i^k, \\ \ddot{b}_{kij} & |\,x_i(t)\,| > \Gamma_i^k, \end{cases}$$

$$\mathrm{co}[\,c_{kij}(x_i(t))\,] = \begin{cases} \dot{c}_{kij} & |\,x_i(t)\,| < \Gamma_i^k, \\ [\,\underline{c}_{kij}, \overline{c}_{kij}\,] & |\,x_i(t)\,| = \Gamma_i^k, \\ \ddot{c}_{kij} & |\,x_i(t)\,| > \Gamma_i^k, \end{cases}$$

且 $\underline{a}_{ij} = \min\{\dot{a}_{ij}, \ddot{a}_{ij}\}$, $\overline{a}_{ij} = \max\{\dot{a}_{ij}, \ddot{a}_{ij}\}$, $\underline{b}_{kij} = \min\{\dot{b}_{kij}, \ddot{b}_{kij}\}$, $\overline{b}_{kij} = \max\{\dot{b}_{kij}, \ddot{b}_{kij}\}$, $\underline{c}_{kij} = \min\{\dot{c}_{kij}, \ddot{c}_{kij}\}$, $\overline{c}_{kij} = \max\{\dot{c}_{kij}, \ddot{c}_{kij}\}$。另外,$\hat{a}_{ij} = \max\{|\dot{a}_{ij}|, |\ddot{a}_{ij}|\}$, $\hat{b}_{kij} = \max\{|\dot{b}_{kij}|, |\ddot{b}_{kij}|\}$, $\hat{c}_{kij} = \max\{|\dot{c}_{kij}|, |\ddot{c}_{kij}|\}$。

在本章中,视系统(5-1)为驱动系统,则对应的响应系统如下:

$$\dot{y}_i(t) = -c_i y_i(t) + \sum_{j=1}^N a_{ij}(y_i(t))f_j^1(y_j(t)) + \sum_{j=1}^N b_{1ij}(y_i(t))f^2$$

$$j(y_j(t-\tau_1(t))) + \cdots + \sum_{j=1}^N b_{mij}(y_i(t))f_j^2(y_j(t-\tau_m(t))) +$$

$$\sum_{j=1}^N c_{1ij}(y_i(t)) \int_{t-\delta_1(t)}^t f_j^3(y_j(s))\mathrm{d}s + \cdots +$$

$$\sum_{j=1}^N c_{mij}(y_i(t)) \int_{t-\delta_m(t)}^t f_j^3(y_j(s))\mathrm{d}s + I_i(t) + u_i(t)$$

$$= -c_i y_i(t) + \sum_{j=1}^N a_{ij}(y_i(t))f_j^1(y_j(t)) + \sum_{k=1}^m \sum_{j=1}^N b_{kij}(y_i(t))f_j^2(y_j(t-\tau_k(t))) + \sum_{k=1}^m \sum_{j=1}^N c_{kij}(y_i(t)) \int_{t-\delta_k(t)}^t f_j^3(y_j(s))\mathrm{d}s + I_i(t) +$$

$$u_i(t), t \geqslant 0, \tag{5-3}$$

其中,$i = 1, 2, \cdots, N$; $u_i(t)$ 代表用于实现网络同步而设计的控制器;响应系统的初始条件给定如下:$\phi(s) = (\phi_1(s), \phi_2(s), \cdots, \phi_N(s))^\mathrm{T} \in C([-\tau_0, 0], \mathbf{R}^N)$;而响应系统中的状态依赖系数 $a_{ij}(y_i(t))$, $b_{kij}(y_i(t))$ 和 $c_{kij}(y_i(t))$ 取值数学函数给定如下:

$$a_{ij}(y_i(t)) = \begin{cases} \dot{a}_{ij} & |\,y_i(t)\,| \leqslant \Gamma_i, \\ \ddot{a}_{ij} & |\,y_i(t)\,| > \Gamma_i, \end{cases}$$

$$b_{kij}(y_i(t)) = \begin{cases} \dot{b}_{kij} & |y_i(t)| \leqslant \Gamma_i^k, \\ \ddot{b}_{kij} & |y_i(t)| > \Gamma_i^k, \end{cases}$$

$$c_{kij}(y_i(t)) = \begin{cases} \dot{c}_{kij} & |y_i(t)| \leqslant \Gamma_i^k, \\ \ddot{c}_{kij} & |y_i(t)| > \Gamma_i^k, \end{cases}$$

其他与驱动系统中所用相同符号这里不再重复解释。

类似的,根据响应系统的数学模型(5-3)可以得到以下微分包含表达式:

$$\dot{y}_i(t) \in -c_i y_i(t) + \sum_{j=1}^N \mathrm{co}[a_{ij}(y_i(t))] f_j^1(y_j(t)) + \sum_{k=1}^m \sum_{j=1}^N \mathrm{co}[b_{kij}(y_i(t))] f_j^2(y_j(t -$$

$$\tau_k(t))) + \sum_{k=1}^m \sum_{j=1}^N \mathrm{co}[c_{kij}(y_i(t))] \int_{t-\delta_k(t)}^t f_j^3(y_j(s)) \mathrm{d}s + I_i(t) + u_i(t), t > 0, \tag{5-4}$$

其中, $i = 1, 2, \cdots, N$,并且

$$\mathrm{co}[a_{ij}(y_i(t))] = \begin{cases} \dot{a}_{ij} & |y_i(t)| < \Gamma_i, \\ [\underline{a}_{ij}, \overline{a}_{ij}] & |y_i(t)| = \Gamma_i, \\ \ddot{a}_{ij} & |y_i(t)| > \Gamma_i, \end{cases}$$

$$\mathrm{co}[b_{kij}(y_i(t))] = \begin{cases} \dot{b}_{kij} & |y_i(t)| < \Gamma_i^k, \\ [\underline{b}_{kij}, \overline{b}_{kij}] & |y_i(t)| = \Gamma_i^k, \\ \ddot{b}_{kij} & |y_i(t)| > \Gamma_i^k, \end{cases}$$

$$\mathrm{co}[c_{kij}(y_i(t))] = \begin{cases} \dot{c}_{kij} & |y_i(t)| < \Gamma_i^k, \\ [\underline{c}_{kij}, \overline{c}_{kij}] & |y_i(t)| = \Gamma_i^k, \\ \ddot{c}_{kij} & |y_i(t)| > \Gamma_i^k. \end{cases}$$

误差系统定义为 $e_i(t) = y_i(t) - x_i(t)$, $i = 1, 2, \cdots, N$ 。因此,可以得到如下所示的误差系统的微分包含表达式:

$$\dot{e}_i(t) \in -c_i e_i(t) + \sum_{j=1}^N \{\mathrm{co}[a_{ij}(y_i(t))] f_j^1(y_j(t)) - \mathrm{co}[a_{ij}(x_i(t))] f_j^1(x_j(t))\} +$$

$$\sum_{k=1}^m \sum_{j=1}^N \{\mathrm{co}[b_{kij}(y_i(t))] f_j^2(y_j(t - \tau_k(t))) - \mathrm{co}[b_{kij}(x_i(t))] f_j^2(x_j(t -$$

$$\tau_k(t)))\} + \sum_{k=1}^m \sum_{j=1}^N \mathrm{co}[c_{kij}(y_i(t))] \int_{t-\delta_k(t)}^t f_j(e_j(s)) \mathrm{d}s +$$

$$\sum_{k=1}^m \sum_{j=1}^N \{\mathrm{co}[c_{kij}(y_i(t))] - \mathrm{co}[c_{kij}(x_i(t))]\} \int_{t-\delta_k(t)}^t f_j^3(x_j(s)) \mathrm{d}s +$$

$$u_i(t), t > 0, \tag{5-5}$$

其中,$f_j(e_j(s)) = f_j^3(y_j(s)) - f_j^3(x_j(s))$。

通常,传统牵制控制技术(CPC)是通过牵制控制网络中的若干个节点来实现驱动系统和响应系统的同步目标。在本章中,控制法则 $u_i(t)$ 采用可切变间歇牵制控制(SIPC),这可以视为是一种在时间轴上的牵制控制技术。结合图 5-2 对可切变间歇牵制控制的具体控制思路进行说明如下:

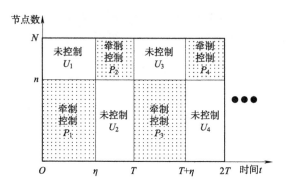

图5-2 可切变间歇牵制控制示意图

这里对图中第一个周期 T 进行说明。在时间轴上,n 在区间 $[0,\eta)$ 表示牵制控制的节点数量,在区间 $[\eta,T)$ 则表示未受牵制的节点数量。在网络建模时可以将实际网络的任意节点编号为网络数学模型中的节点 1。因此,不失一般性,本章在区间 $[0,\eta)$ 牵制控制节点 1 到节点 n,在区间 $[\eta,T)$ 牵制控制节点 $n+1$ 到节点 N。将时间轴上连续的控制时间切分成一系列周期时间序列。在每一个时间周期 T 内,设置一个阈值 η(即可切变时间宽度),通过这个切变阈值完成受控制节点和不受控制节点的控制情况的切变,这也是可切变间歇牵制控制策略的核心所在。

基于上述给出的可切变间歇牵制控制策略,控制法则的数学模型给定如下:

$$u_i(t) = \begin{cases} -r_1 e_i(t) - r_2 \mathrm{sgn}(e_i(t)) - r_1 \Big[\sum_{j=n+1}^{N} |e_j(t)| \Big] \Big[\sum_{j=1}^{n} \mathrm{sgn}(e_j(t)) \Big]^{-1}, & \text{情况 1}, \\ 0, & \text{情况 2}, \\ 0, & \text{情况 3}, \\ -r_1 e_i(t) - r_2 \mathrm{sgn}(e_i(t)) - r_1 \Big[\sum_{j=1}^{n} |e_j(t)| \Big] \Big[\sum_{j=n+1}^{N} \mathrm{sgn}(e_j(t)) \Big]^{-1}, & \text{情况 4}, \end{cases}$$

(5-6)

其中,$l(l=0,1,2,\cdots)$ 代表自然数;根据时间 t 和网络节点 i,控制法则可具体分为以下四个分类情况:

情况 1　$lT \leq t < lT + \eta, 1 \leq i \leq n$,

情况 2　$lT \leq t < lT + \eta, n < i \leq N$,

情况 3　$lT + \eta \leq t < (l+1)T, 1 \leq i \leq n$,

情况 4　$lT + \eta \leq t < (l+1)T, n < i \leq N$,

$$\operatorname{sgn}(e_i(t)) \begin{cases} 1 & e_i(t) \geq 0, \\ -1 & e_i(t) < 0。 \end{cases}$$

注释 5.2　需要注意的是式 (5-6) 中的项 $\sum\limits_{j=1}^{n} \operatorname{sgn}(e_j(t))$ 和 $\sum\limits_{j=n+1}^{N} \operatorname{sgn}(e_j(t))$ 要求是非零。否则,控制法则数学式将无效。因此,①对于节点总数为偶数的网络,总是选取奇数个节点进行牵制控制(也就是 n 为奇数);②对于网络总节点数为奇数的,将人为地向网络中添加一个节点(假想该添加节点虚拟存在于网络系统中)并为该节点适当设置与其他网络节点的连接。这样就确保了网络节点总数 N 为偶数。由于网络对应节点的同步是最终目标,而添加的网络节点并不会改变这一目标的实现。也就是说,添加节点后,驱动系统和响应系统中编号 $1 \sim N$ 的网络节点通过控制器的作用仍然是对应同步的。通过以上策略,奇数 n 和偶数 N 将最终确保控制法则中的项 $\sum\limits_{j=1}^{n} \operatorname{sgn}(e_j(t))$ 和 $\sum\limits_{j=n+1}^{N} \operatorname{sgn}(e_j(t))$ 是非零的,确保控制法则表达式有意义。

注释 5.3　控制成本直接决定于牵控节点数和对应的控制宽度,因此,采用图 5-2 中的间歇牵制控制面积 SA 来度量控制成本。根据图 5-2,$SA = P_1 + P_2 + P_3 + P_4 + \cdots$。我们以一个周期时间 T 内为例,设定 CPC 牵制控制节点数为 n,间歇控制方法的控制宽度为 η。则对于 CPC,$SA_1 = P_1 + U_2 = nT$;对于间歇控制方法,$SA_2 = P_1 + U_1 = \eta N$;对于 SIPC,$SA_3 = P_1 + P_2 = \eta n + (N-n)(T-\eta)$。SIPC 与 CPC、间歇控制方法紧密相关。因此,对比分析 SIPC 与 CPC、间歇控制方法的控制成本高低情况如下:

①与 SA_1 相比,可得到控制成本差 $\Delta SA_1 = SA_3 - SA_1 = P_2 - U_2 = (N-2n)(T-\eta)$。显然,如果 $n \geq 0.5N$,则 SIPC 的控制成本将低于 CPC 的控制成本。这一目标可以通过调整 n 的取值容易实现。并且若 n 进一步变大,则 ΔSA_1 也将进一步变小;而且,当 $n(n \geq 0.5N)$ 是常数时,ΔSA_1 可以通过缩减控制宽度 η 来进一步变小。

②与 SA_2 相比,可得到控制成本差 $\Delta SA_2 = SA_3 - SA_2 = P_2 - U_1 = (T-2\eta)(N-n)$。显然,如果 $\eta \geq 0.5T$,则 SIPC 的控制成本将低于间歇控制方法的控制成本。这一目标可以通过调整 η 的取值容易实现。并且,若 η 进一步变大,则 ΔSA_2 将进一步变小;另外,当 $\eta(\eta \geq 0.5T)$ 是常数时,ΔSA_2 可以通过减少牵控节点数量 n 来进一步变小。

③对于 $SA_3 = \eta n + (N-n)(T-\eta)$,设想需要尽可能节省同步控制能量

时,将可以很方便地通过适当调整 n 和 η 以获得实用的 SA_3 并限制控制成本。若设定 $n=N$ 且 $\eta=T$,则 SIPC 就转变成了全时全节点控制的一般控制技术了。

因此,可切变间歇牵制控制在网络控制上很灵活且可通过调整参数 n 和 η 降低控制成本以适应不同的潜在应用需求。

5.2.2 基础知识描述

本节将给出一些重要的假设和引理以便后续研究之用,具体如下:

假设 5.1 假设反馈激活函数 $f_j^3(s)$ 是有界的。即,对于任意数 $s \in \mathbf{R}$,存在正常数 ξ_j^* 使得 $|f_j^3(s)| \leqslant \xi_j^*$, $j=1,2,\cdots,N$。

假设 5.2 对于 $\forall x_1, x_2 \in \mathbf{R}$,存在正常数 $\xi_j^1, \xi_j^2, \xi_j^3$ 使得反馈激活函数 f_j^1, f_j^2, f_j^3 满足以下不等式:

$$|f_j^1(x_1) - f_j^1(x_2)| \leqslant \xi_j^1 |x_1 - x_2|,$$
$$|f_j^2(x_1) - f_j^2(x_2)| \leqslant \xi_j^2 |x_1 - x_2|,$$
$$|f_j^3(x_1) - f_j^3(x_2)| \leqslant \xi_j^3 |x_1 - x_2|,$$

其中, $j=1,2,\cdots,N$。

注释 5.4 为了满足后面证明的需要,这里预先集中给定一些符号如下:

$$\overline{\xi} = \max\{\xi_1^*, \xi_2^*, \cdots, \xi_N^*\}, \qquad \overline{\delta} = \max\{\tau_1', \tau_2', \cdots, \tau_m'\},$$
$$\overline{C}_k = [\overline{c}_{kij}]_{N \times N}, \qquad \underline{C}_k = [\underline{c}_{kij}]_{N \times N}。$$

引理 5.1 [13] 当假设 5.2 成立且反馈激活函数 $f_j^1(\pm\Gamma_j^k) = f_j^2(\pm\Gamma_j^k) = 0$, $j=1,2,\cdots,N$。则

$$|\mathrm{co}[a_{ij}(y_i(t))]f_j^1(y_j(t)) - \mathrm{co}[a_{ij}(x_i(t))]f_j^1(x_j(t))| \leqslant \hat{a}_{ij}\xi_j^1 |y_j(t) - x_j(t)|,$$
$$|\mathrm{co}[b_{kij}(y_i(t))]f_j^2(y_j(t-\tau_k(t))) - \mathrm{co}[b_{kij}(x_i(t))]f_j^2(x_j(t-\tau_k(t)))|$$
$$\leqslant \hat{b}_{kij}\xi_j^2 |y_j(t-\tau_k(t)) - x_j(t-\tau_k(t))|,$$

其中, $i,j=1,2,\cdots,N$。

 5.3 多边忆阻切变网络的指数牵制同步控制

在本节中,设计合适的可切变间歇牵制控制法则用于实现带多重边和混合时延的忆阻切变网络的指数同步。推导得到确保驱动系统(5-1)和响应系统(5-3)实现指数同步的同步准则。指数同步定义给定如下。

定义 5.1 对于任意初始条件,以下不等式都被满足:

$$\|e(t)\|_2 \leqslant \theta \|\Phi - \Psi\|_1 \exp(-\beta t)。$$

其中,$e(t) = (e_1(t), e_2(t), \cdots, e_N(t))^T$; $\Phi = (\phi_1(0), \phi_2(0), \cdots, \phi_N(0))^T$; $\Psi = (\varphi_1(0)), \varphi_2(0)), \cdots, \varphi_N(0))^T$;且 $\beta > 0$。

则称驱动系统(5-1)和响应系统(5-3)是指数同步的。

5.3.1　主要结论

定理 5.1　令假设 5.1 和假设 5.2 成立,且激活函数 $f_j^1(\pm\Gamma_j^k) = f_j^2(\pm\Gamma_j^k) = 0$, $j = 1, 2, \cdots, N$。若控制器的参数 r_1 和 r_2 满足

$$r_1 \geq \beta - c_j + \sum_{i=1}^N \hat{a}_{ij}\xi_j^1 + \sum_{k=1}^m \sum_{i=1}^N \frac{\exp(\beta\tau_k)\hat{b}_{kij}\xi_j^2}{1-\varepsilon} + \sum_{k=1}^m \sum_{i=1}^N \hat{c}_{kij}\xi_j^3\tau_k'\exp(\beta\tau_k'),$$

且

$$r_2 \geq \sum_{k=1}^m \overline{\xi\delta}\| \overline{C_k} - \underline{C_k} \|_\infty H,$$

其中,$H = \max\left\{\dfrac{N}{n}, \dfrac{N}{N-n}\right\}$,且 β 是一个正值常数。

则驱动系统(5-1)和响应系统(5-3)能够在控制法则(5-6)调控下实现指数同步。

证明: Lyapunov-Krasovskii 函数为

$$V(t) = V_1(t) + V_2(t) + V_3(t)$$

其中

$$V_1(t) = \exp(\beta t)\sum_{i=1}^N \text{sgn}(e_i(t))e_i(t),$$

$$V_2(t) = \sum_{k=1}^m \sum_{i=1}^N \sum_{j=1}^N \frac{\exp(\beta\tau_k)\hat{b}_{kij}\xi_j^2}{1-\varepsilon}\int_{t-\tau_k(t)}^t \exp(\beta s)|e_j(s)|\mathrm{d}s,$$

$$V_3(t) = \sum_{k=1}^m \sum_{i=1}^N \sum_{j=1}^N \exp(\beta\tau_k')\hat{c}_{kij}\xi_j^3\int_{-\tau_k'}^0 \int_{t+s}^t \exp(\beta l)|e_j(l)|\mathrm{d}l\mathrm{d}s。$$

沿误差系统(5-5)的轨迹计算 $V(t)$ 导数如下:

$$\dot{V}_2(t) = \sum_{k=1}^m \sum_{i=1}^N \sum_{j=1}^N \frac{\exp(\beta\tau_k)\hat{b}_{kij}\xi_j^2}{1-\varepsilon}[\exp(\beta t)|e_j(t)| - (1-\dot{\tau}_k(t))\exp(\beta(t-\tau_k(t)))|e_j(t-\tau_k(t))|]$$

$$\leq \sum_{k=1}^m \sum_{i=1}^N \sum_{j=1}^N \frac{\exp(\beta\tau_k)\hat{b}_{kij}\xi_j^2}{1-\varepsilon}\exp(\beta t)|e_j(t)| - \sum_{k=1}^m \sum_{i=1}^N \sum_{j=1}^N \hat{b}_{kij}\xi_j^2\exp(\beta t)|e_j(t-\tau_k(t))|。 \tag{5-7}$$

且 $\dot{V}_3(t)$ 可计算如下:

$$\dot{V}_3(t) = \sum_{k=1}^{m} \sum_{i=1}^{N} \sum_{j=1}^{N} \exp(\beta\tau_k')\hat{c}_{kij}\xi_j^3 \int_{-\tau_k'}^{0} \exp(\beta t) \mid e_j(t) \mid \mathrm{d}s -$$

$$\sum_{k=1}^{m} \sum_{i=1}^{N} \sum_{j=1}^{N} \exp(\beta\tau_k')\hat{c}_{kij}\xi_j^3 \int_{-\tau_k'}^{0} \exp(\beta(t+s)) \mid e_j(t+s) \mid \mathrm{d}s$$

$$= \sum_{k=1}^{m} \sum_{i=1}^{N} \sum_{j=1}^{N} \exp(\beta(t+\tau_k'))\hat{c}_{kij}\xi_j^3 \mid e_j(t) \mid \tau_k' -$$

$$\sum_{k=1}^{m} \sum_{i=1}^{N} \sum_{j=1}^{N} \exp(\beta\tau_k')\hat{c}_{kij}\xi_j^3 \int_{t-\tau_k'}^{t} \exp(\beta s) \mid e_j(s) \mid \mathrm{d}s_\circ$$

由于在时间区间$(-\infty,\infty)$上函数$\exp(\beta t)$是严格递增的,因此,

$$\int_{t-\tau_k'}^{t} \exp(\beta s) \mid e_j(s) \mid \mathrm{d}s \geqslant \int_{t-\tau_k'}^{t} \exp(\beta(t-\tau_k')) \mid e_j(s) \mid \mathrm{d}s_\circ$$

所以

$$\dot{V}_3(t) \leqslant \sum_{k=1}^{m} \sum_{i=1}^{N} \sum_{j=1}^{N} \exp(\beta(t+\tau_k'))\hat{c}_{kij}\xi_j^3 \mid e_j(t) \mid \tau_k' -$$

$$\sum_{k=1}^{m} \sum_{i=1}^{N} \sum_{j=1}^{N} \exp(\beta\tau_k')\hat{c}_{kij}\xi_j^3 \int_{t-\tau_k'}^{t} \exp(\beta(t-\tau_k')) \mid e_j(s) \mid \mathrm{d}s$$

$$= \sum_{k=1}^{m} \sum_{i=1}^{N} \sum_{j=1}^{N} \exp(\beta(t+\tau_k'))\hat{c}_{kij}\xi_j^3 \mid e_j(t) \mid \tau_k' -$$

$$\sum_{k=1}^{m} \sum_{i=1}^{N} \sum_{j=1}^{N} \exp(\beta t)\hat{c}_{kij}\xi_j^3 \int_{t-\tau_k'}^{t} \mid e_j(s) \mid \mathrm{d}s_\circ \tag{5-8}$$

由于$\dot{V}_1(t)$在不同时间段时$u_i(t)$的计算表达式不一样,因此$\dot{V}_1(t)$需要分情况进行计算推导。

(1)对于时间区间$lT \leqslant t < lT+\eta$,可得:

$$\dot{V}_1(t) = \exp(\beta t)\left\{ \beta\sum_{i=1}^{N} \mathrm{sgn}(e_i(t))e_i(t) + \sum_{i=1}^{N} \mathrm{sgn}(e_i(t))\dot{e}_i(t) \right\}$$

$$\leqslant \exp(\beta t)\left\{ \beta\sum_{i=1}^{N} \mathrm{sgn}(e_i(t))e_i(t) - \sum_{i=1}^{N} c_i \mid e_i(t) \mid + \sum_{i=1}^{N} \sum_{j=1}^{N} \hat{a}_{ij}\xi_j^1 \mid e_j(t) \mid + \right.$$

$$\sum_{k=1}^{m} \sum_{i=1}^{N} \sum_{j=1}^{N} \hat{b}_{kij}\xi_j^2 \mid e_j(t-\tau_k(t)) \mid + \sum_{k=1}^{m} \sum_{i=1}^{N} \sum_{j=1}^{N} \hat{c}_{kij}\xi_j^3 \int_{t-\delta_k(t)}^{t} \mid e_j(s) \mid \mathrm{d}s +$$

$$\sum_{k=1}^{m} \sum_{i=1}^{N} \sum_{j=1}^{N} (\overline{c}_{kij} - \underline{c}_{kij}) \mid \mathrm{sgn}(e_i(t)) \mid \int_{t-\delta_k(t)}^{t} \xi_j^* \mathrm{d}s +$$

$$\left. \sum_{i=1}^{n} \mathrm{sgn}(e_i(t))u_i(t) \right\}_\circ \tag{5-9}$$

显然可得

$$\sum_{k=1}^{m} \sum_{i=1}^{N} \sum_{j=1}^{N} \hat{c}_{kij}\xi_j^3 \int_{t-\delta_k(t)}^{t} \mid e_j(s) \mid \mathrm{d}s \leqslant \sum_{k=1}^{m} \sum_{i=1}^{N} \sum_{j=1}^{N} \hat{c}_{kij}\xi_j^3 \int_{t-\tau_k'}^{t} \mid e_j(s) \mid \mathrm{d}s_\circ$$

第 5 章　带混合时延的多边忆阻切变网络的间歇牵制同步控制研究

且

$$\sum_{k=1}^{m}\sum_{i=1}^{N}\sum_{j=1}^{N}(\bar{c}_{kij} - \underline{c}_{kij})\mid \mathrm{sgn}(e_i(t))\mid \int_{t-\delta_k(t)}^{t}\xi_j^* \mathrm{d}s$$

$$\leqslant \sum_{k=1}^{m}\sum_{i=1}^{N}\sum_{j=1}^{N}(\bar{c}_{kij} - \underline{c}_{kij})\mid \mathrm{sgn}(e_i(t))\mid \bar{\xi}\bar{\delta} \leqslant \sum_{k=1}^{m}N\bar{\xi}\bar{\delta}\parallel \bar{C}_k - \underline{C}_k \parallel_{\infty}\,\circ$$

$$\sum_{i=1}^{n}\mathrm{sgn}(e_i(t))u_i(t) = -r_1\sum_{i=1}^{N}\mid e_i(t)\mid -nr_2\,\circ$$

所以

$$\dot{V}_1(t) = \exp(\beta t)\left[\beta \sum_{i=1}^{N}\mathrm{sgn}(e_i(t))e_i(t) + \sum_{i=1}^{N}\mathrm{sgn}(e_i(t))\dot{e}_i(t)\right]$$

$$\leqslant \exp(\beta t)\left\{\beta \sum_{i=1}^{N}\mid e_i(t)\mid - \sum_{j=1}^{N}c_j\mid e_j(t)\mid + \sum_{i=1}^{N}\sum_{j=1}^{N}\hat{a}_{ij}\xi_j^1\mid e_j(t)\mid +\right.$$

$$\sum_{k=1}^{m}\sum_{i=1}^{N}\sum_{j=1}^{N}\hat{b}_{kij}\xi_j^2\mid e_j(t-\tau_k(t))\mid + \sum_{k=1}^{m}\sum_{i=1}^{N}\sum_{j=1}^{N}\hat{c}_{kij}\xi_j^3\int_{t-\tau_k'}^{t}\mid e_j(s)\mid \mathrm{d}s +$$

$$\left.\sum_{k=1}^{m}N\bar{\xi}\bar{\delta}\parallel \bar{C}_k - \underline{C}_k \parallel_{\infty} - r_1\sum_{j=1}^{N}\mid e_j(t)\mid -nr_2\right\}\,\circ \tag{5-10}$$

则可得 $\dot{V}(t)$ 如下：

$$\dot{V}(t) = \dot{V}_1(t) + \dot{V}_2(t) + \dot{V}_3(t)$$

$$\leqslant \exp(\beta t)\left\{\sum_{j=1}^{N}\mid e_j(t)\mid \left[\beta - r_1 - c_j + \sum_{i=1}^{N}\hat{a}_{ij}\xi_j^1 + \sum_{k=1}^{m}\sum_{i=1}^{N}\frac{\exp(\beta\tau_k)\hat{b}_{kij}\xi_j^2}{1-\varepsilon} +\right.\right.$$

$$\left.\left.\sum_{k=1}^{m}\sum_{i=1}^{N}\exp(\beta\tau_k')\hat{c}_{kij}\xi_j^3\tau_k'\right] + \sum_{k=1}^{m}N\bar{\xi}\bar{\delta}\parallel \bar{C}_k - \underline{C}_k \parallel_{\infty} - nr_2\right\}\,\circ \tag{5-11}$$

当控制法则(5-6)的参数满足定理 5.1 的限定条件时，可得 $\dot{V}(t)\leqslant 0$。因此 Lyapunov - Krasovskii 函数在 $t\in[0,+\infty)$ 是递减的，这意味着 $V(t)\leqslant V(0)$。因此，可得到如下结果：

$$\exp(\beta t)\parallel e(t)\parallel_1 = \exp(\beta t)\sum_{i=1}^{N}\mathrm{sgn}(e_i(t))e_i(t) \leqslant V(t) \leqslant V(0)\,\circ$$

所以

$$\parallel e(t)\parallel_2 \leqslant \parallel e(t)\parallel_1 \leqslant V(0)\exp(-\beta t)\,\circ$$

容易计算得到

$$V(0) \leqslant \sum_{i=1}^{N}\mid \phi_i(0) - \varphi_i(0)\mid + \sum_{k=1}^{m}\sum_{i=1}^{N}\sum_{j=1}^{N}\frac{\exp(\beta\tau_k)\hat{b}_{kij}\xi_j^2}{1-\varepsilon}\int_{-\tau_k}^{0}\exp(\beta s)\mid \phi_j(s) -$$

$$\varphi_j(s)\mid \mathrm{d}s + \sum_{k=1}^{m}\sum_{i=1}^{N}\sum_{j=1}^{N}\exp(\beta\tau_k')\hat{c}_{kij}\xi_j^3\int_{-\tau_k'}^{0}\int_{s}^{0}\exp(\beta l)\mid \phi_j(l) - \varphi_j(l)\mid \mathrm{d}l\mathrm{d}s$$

· 117 ·

$$= \theta \sum_{i=1}^{N} | \phi_i(0) - \varphi_i(0) |$$
$$= \theta \| \Phi - \Psi \|_1,$$

其中,$\theta(\theta > 1)$是一个正值常数。因此,得到

$$\| e(t) \|_2 \leqslant \theta \| \Phi - \Psi \|_1 \exp(-\beta t)。$$

(2)对于时间区间 $lT + \eta \leqslant t < (l+1)T$,可得

$$\sum_{i=1}^{N} \mathrm{sgn}(e_i(t)) u_i(t) = \sum_{i=n+1}^{N} \mathrm{sgn}(e_i(t)) u_i(t) = -r_1 \sum_{i=1}^{N} | e_i(t) | - (N-n) r_2。$$

则

$$\dot{V}_1(t) = \exp(\beta t) \left[\beta \sum_{i=1}^{N} \mathrm{sgn}(e_i(t)) e_i(t) + \sum_{i=1}^{N} \mathrm{sgn}(e_i(t)) \dot{e}_i(t) \right]$$

$$\leqslant \exp(\beta t) \left\{ \beta \sum_{i=1}^{N} | e_i(t) | - \sum_{j=1}^{N} c_j | e_j(t) | + \sum_{i=1}^{N} \sum_{j=1}^{N} \hat{a}_{ij} \xi_j^1 | e_j(t) | + \right.$$

$$\sum_{k=1}^{m} \sum_{i=1}^{N} \sum_{j=1}^{N} \hat{b}_{kij} \xi_j^2 | e_j(t - \tau_k(t)) | + \sum_{k=1}^{m} \sum_{i=1}^{N} \sum_{j=1}^{N} \hat{c}_{kij} \xi_j^3 \int_{t-\tau_k^l}^{t} | e_j(s) | \mathrm{d}s +$$

$$\left. \sum_{k=1}^{m} N \overline{\xi \delta} \| \overline{C}_k - \underline{C}_k \|_{\infty} - r_1 \sum_{j=1}^{N} | e_j(t) | - (N-n) r_2 \right\}。 \qquad (5\text{-}12)$$

所以

$$\dot{V}(t) = \dot{V}_1(t) + \dot{V}_2(t) + \dot{V}_3(t)$$

$$\leqslant \exp(\beta t) \left\{ \sum_{j=1}^{N} | e_j(t) | \left[\beta - r_1 - c_j + \sum_{i=1}^{N} \hat{a}_{ij} \xi_j^1 + \sum_{k=1}^{m} \sum_{i=1}^{N} \frac{\exp(\beta \tau_k) \hat{b}_{kij} \xi_j^2}{1 - \varepsilon} + \right. \right.$$

$$\left. \left. \sum_{k=1}^{m} \sum_{i=1}^{N} \exp(\beta \tau_k') \hat{c}_{kij} \xi_j^3 \tau_k' \right] + \sum_{k=1}^{m} N \overline{\xi \delta} \| \overline{C}_k - \underline{C}_k \|_{\infty} - (N-n) r_2 \right\}。 \qquad (5\text{-}13)$$

类似地,对于时间区间 $lT + \eta \leqslant t < (l+1)T$ 可以得到以下结果:

$$\| e(t) \|_2 \leqslant \theta \| \Phi - \Psi \|_1 \exp(-\beta t)。$$

因此,根据定义 5.1,驱动系统(5-1)和响应系统(5-3)可以在控制法则(5-6)调控作用下实现指数同步。定理 5.1 证毕。

若设计如下的控制法则:

$$u_i(t) = \begin{cases} -r_1 | \alpha_i(t) | e_i(t) - r_2 \mathrm{sgn}(e_i(t)) - r_1 \left[\sum_{j=n+1}^{N} | e_j(t) \alpha_j(t) | \right] E(t), & \text{情况1,} \\ 0, & \text{情况2,} \\ 0, & \text{情况3,} \\ -r_1 | \alpha_i(t) | e_i(t) - r_2 \mathrm{sgn}(e_i(t)) - r_1 \left[\sum_{j=1}^{n} | e_j(t) \alpha_j(t) | \right] E'(t), & \text{情况4,} \end{cases}$$

$$(5\text{-}14)$$

其中，$E(t) = \left[\sum_{j=1}^{n} \operatorname{sgn}(e_j(t)) \right]^{-1}$；$E'(t) = \left[\sum_{j=n+1}^{N} \operatorname{sgn}(e_j(t)) \right]^{-1}$；$|\alpha_i(t)| \geqslant 1$，$i = 1, 2, \cdots, N$；根据时间 t 和节点号 i，与 (5-6) 中的四类分类情况相同，控制法则 (5-14) 也分成相同的四类情况。

然后可得到以下推论。

推论 5.1　令假设 5.1 和假设 5.2 成立，且激活函数 $f_j^1(\pm \Gamma_j^k) = f_j^2(\pm \Gamma_j^k) = 0$，$j = 1, 2, \cdots, N$ 且其他参数满足定理 5.1 中给定的相同限制条件，则驱动系统 (5-1) 和响应系统 (5-3) 能够在控制法则 (5-14) 调控下实现指数同步。

推论 5.2　令假设 5.1 和假设 5.2 成立，且激活函数 $f_j^1(\pm \Gamma_j^k) = f_j^2(\pm \Gamma_j^k) = 0$，$j = 1, 2, \cdots, N$。若控制参数 r_1 和 r_2 满足：

$$r_1 \geqslant -c_j + \sum_{i=1}^{N} \hat{a}_{ij} \xi_j^1 + \sum_{k=1}^{m} \sum_{i=1}^{N} \frac{\hat{b}_{kij} \xi_j^2}{1 - \varepsilon} + \sum_{k=1}^{m} \sum_{i=1}^{N} \hat{c}_{kij} \xi_j^3 \tau_k',$$

$$r_2 \geqslant \sum_{k=1}^{m} \overline{\xi} \overline{\delta} \| \overline{C}_k - \underline{C}_k \|_\infty H,$$

其中，$H = \max \left\{ \dfrac{N}{n}, \dfrac{N}{N-n} \right\}$。

则驱动系统 (5-1) 和响应系统 (5-3) 能够在控制法则 (5-6) 调控下渐近同步。

注释 5.5　本章中，定理 5.1 和推论 5.2 均采用控制法则 (5-6)，这意味着控制器的表达式是一样的。但定理 5.1 和推论 5.2 对控制器参数的限制条件是不一样的，这意味着相同控制表达式中控制参数取不同值能改变驱动系统与响应系统实现的同步类型。因此，控制参数不仅与控制成本相关，还与获得的同步类型相关。

5.3.2　仿真实验

在本节中，为仿真实验设计的忆阻切变网络带二重边和混合时延，具体网络数学模型如下：

$$\dot{x}_i(t) = -c_i x_i(t) + \sum_{j=1}^{2} a_{ij}(x_i(t)) f_j^1(x_j(t)) + \sum_{k=1}^{2} \sum_{j=1}^{2} b_{kij}(x_i(t)) f_j^2(x_j(t - \tau_k(t)))$$

$$+ \sum_{k=1}^{2} \sum_{j=1}^{2} c_{kij}(x_i(t)) \int_{t-\delta_k(t)}^{t} f_j^3(x_j(s)) \mathrm{d}s + I_i(t), i = 1, 2,$$

$$\tag{5-15}$$

其中，$c_1 = 1$，$c_2 = 1.5$。且

$$\dot{A} = [\dot{a}_{ij}]_{2 \times 2} = \begin{bmatrix} -0.7 & 1.5 \\ 0.5 & 1.6 \end{bmatrix}, \qquad \ddot{A} = [\ddot{a}_{ij}]_{2 \times 2} = \begin{bmatrix} -0.6 & 0.9 \\ 0.4 & 1.1 \end{bmatrix},$$

$$\dot{B}_1 = [\dot{b}_{1ij}]_{2 \times 2} = \begin{bmatrix} 1.4 & -1 \\ 0.8 & -1.2 \end{bmatrix}, \qquad \ddot{B}_1 = [\ddot{b}_{1ij}]_{2 \times 2} = \begin{bmatrix} 0.5 & -1.2 \\ 1.7 & -0.6 \end{bmatrix},$$

$$\dot{B}_2 = [\dot{b}_{2ij}]_{2\times2} = \begin{bmatrix} 0.9 & -0.6 \\ 1.8 & 0.8 \end{bmatrix}, \qquad \ddot{B}_2 = [\ddot{b}_{2ij}]_{2\times2} = \begin{bmatrix} 1.2 & -0.6 \\ 0.6 & 0.9 \end{bmatrix},$$

$$\dot{C}_1 = [\ddot{c}_{1ij}]_{2\times2} = \begin{bmatrix} 1.2 & 0.8 \\ 0.4 & -1.6 \end{bmatrix}, \qquad \ddot{C}_1 = [\ddot{c}_{1ij}]_{2\times2} = \begin{bmatrix} 0.8 & 1.6 \\ 1.4 & -0.9 \end{bmatrix},$$

$$\dot{C}_2 = [\dot{c}_{2ij}]_{2\times2} = \begin{bmatrix} 0.6 & -1.4 \\ 1.4 & 0.7 \end{bmatrix}, \qquad \ddot{C}_2 = [\ddot{c}_{2ij}]_{2\times2} = \begin{bmatrix} 1.4 & -0.8 \\ 0.8 & 1.5 \end{bmatrix},$$

$$\overline{C}_1 - \underline{C}_1 = \begin{bmatrix} 0.4 & 0.8 \\ 1 & 0.7 \end{bmatrix}, \qquad \overline{C}_2 - \underline{C}_2 = \begin{bmatrix} 0.8 & 0.6 \\ 0.6 & 0.8 \end{bmatrix}.$$

离散时变时延 $\tau_1(t) = \tau_2(t) = e^t(1 + e^t)$，所以 $\tau_1 = \tau_2 = 1$，，$\varepsilon = 0.25$。分布式时延 $\delta_1 = \delta_2 = 0.5(1 + \sin t)$，因此可计算得到 $\tau_1' = \tau_2' = 1$，$\overline{\delta} = 1$。$I_1(t) = 1.5\sin t$，$I_2(t) = 1.5\cos t$。反馈激活函数 $f_j^1(l) = f_j^2(l) = \tanh(|l| - 1)$，$f_j^3(l) = 0.5(|l+1| - |l-1|)$，$j = 1,2$。显然，$\xi_j^1 = \xi_j^2 = \xi_j^3 = 1, \xi_j^* = 1, \overline{\xi} = 1$，$j = 1,2$。驱动系统(5-15)的初始条件给定如下：$x(t) = (10.5, -1.2)^T, t \in [-1,0]$。$\|\overline{C}_1 - \underline{C}_1\|_\infty = 1.7$，$\|\overline{C}_2 - \underline{C}_2\|_\infty = 1.4$。间歇切变控制器的参数取值如下：$T = 0.002, \eta = 0.001, n = 1$。

对应响应系统给定如下：

$$\dot{y}_i(t) = -c_i y_i(t) + \sum_{j=1}^2 a_{ij}(y_i(t)) f_j^1(y_j(t)) + \sum_{k=1}^2 \sum_{j=1}^2 b_{kij}(y_i(t)) f_j^2(y_j(t -$$

$$\tau_k(t))) + \sum_{k=1}^2 \sum_{j=1}^2 c_{kij}(y_i(t)) \int_{t-\delta_k(t)}^t f_j^3(y_j(s)) \mathrm{d}s + I_i(t) + u_i(t), i = 1,2,$$

$$(5\text{-}16)$$

其中，初始条件给定如下：$y(t) = (10.2, -8.1)^T, t \in [-1,0]$。

当不带控制器时，驱动系统(5-15)与响应系统(5-16)状态随时间变化图以及驱动-响应系统的误差轨迹如图 5-3 所示。

$\beta = 1, r_1 = 38, r_2 = 13.8$。根据给定的仿真条件情况可知，定理 5.1 的限制条件得到了满足。通过控制器(5-6)调控作用，驱动系统(5-15)和响应系统(5-16)可指数同步。驱动系统(5-15)与响应系统(5-16)状态随时间变化图以及驱动-响应系统的误差轨迹如图 5-4 所示。

综合分析仿真结果图，从图 5-3 可以看到，当没有控制输入时，系统状态轨迹随时间一直在变化且驱动系统和响应系统的状态轨迹一直没有同步。误差系统的误差轨迹也一直没有收敛，没有达到稳定。但从图 5-4 中可以看到，在有控制器控制作用时驱动系统和响应系统实现了同步，并且一直保持同步。从图 5-4(c)也可以看出误差系统的误差轨迹收敛且保持稳定状态。因此，综合图 5-3 和图 5-4 可以验证得到定理 5.1 的有效性和正确性。

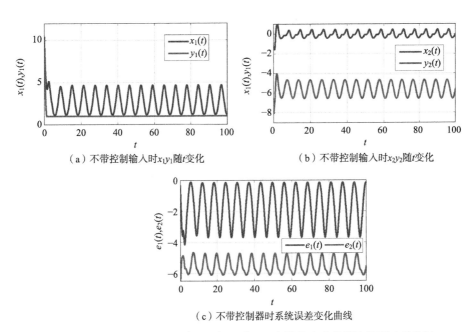

（a）不带控制输入时$x_1 y_1$随t变化　　　　　（b）不带控制输入时$x_2 y_2$随t变化

（c）不带控制器时系统误差变化曲线

图 5-3　不带控制器时系统（5-15）和（5-16）的状态变化图和误差变化轨迹

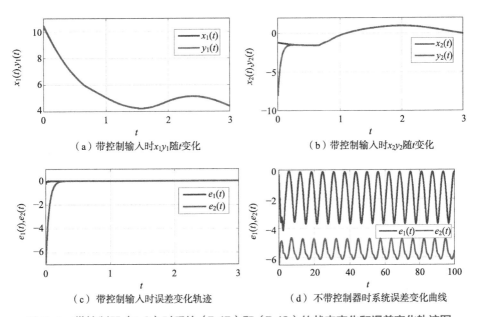

（a）带控制输入时$x_1 y_1$随t变化　　　　　（b）带控制输入时$x_2 y_2$随t变化

（c）带控制输入时误差变化轨迹　　　　　（d）不带控制器时系统误差变化曲线

图 5-4　带控制器（5-6）时系统（5-15）和（5-16）的状态变化和误差变化轨迹图

5.4 多边忆阻切变网络的自适应牵制同步控制

在本节中,将采用自适应可切变间歇牵制控制调控带多重边和混合时变时延的 MSNs 渐近同步。

自适应可切变间歇牵制控制器的数学模型给定如下:

$$u_i(t) = \begin{cases} -\Delta r_{1i}(t)e_i(t) - r_{2i}\mathrm{sgn}(e_i(t)) - \left[\sum_{j=n+1}^{N}\Delta r_{1j}(t)\,|\,e_j(t)\,|\right]E(t), & \text{情况 1,} \\ 0, & \text{情况 2,} \\ 0, & \text{情况 3,} \\ -\Delta r_{1i}(t)e_i(t) - r_{2i}\mathrm{sgn}(e_i(t)) - \left[\sum_{j=1}^{n}\Delta r_{1j}(t)\,|\,e_j(t)\,|\right]E'(t), & \text{情况 4,} \end{cases}$$

$$(5\text{-}17)$$

$$\dot{r}_{1i}(t) = m_1\,|\,e_i(t)\,|,$$

其中,$\Delta r_{1i}(t) = r_{1i}(t) - r_{1i}^{*}$,$r_{1i}(t)$ 是边界 r_{1i}^{*} 的估计;另外,常数 $r_{2i} \geqslant 0$;$E(t) = \left[\sum_{j=1}^{n}\mathrm{sgn}(e_j(t))\right]^{-1}$;$E'(t) = \left[\sum_{j=n+1}^{N}\mathrm{sgn}(e_j(t))\right]^{-1}$;且根据时间 t 和节点号 i,与 (5-6)中的四类分类情况相同,控制法则(5-17)也分成相同四类情况。

5.4.1 主要结论

定理 5.2 令假设 5.1 和假设 5.2 成立,且激活函数 $f_j^1(\pm\Gamma_j^k) = f_j^2(\pm\Gamma_j^k) = 0$,$j = 1,2,\cdots,N$。若以下条件成立:

$$r_{1j}^{*} \geqslant -c_j + \sum_{i=1}^{N}\hat{a}_{ij}\xi_j^1 + \sum_{k=1}^{m}\sum_{i=1}^{N}\frac{\hat{b}_{kij}\xi_j^2}{1-\varepsilon} + \sum_{k=1}^{m}\sum_{i=1}^{N}\hat{c}_{kij}\xi_j^3\tau_k',$$

且

$$\vec{r}_2 \geqslant \sum_{k=1}^{m}N\overline{\xi\delta}\,\|\,\overline{C}_k - \underline{C}_k\,\|_{\infty},$$

其中,$\vec{r}_2 = \min\left\{\sum_{i=1}^{n}r_{2i}, \sum_{i=n+1}^{N}r_{2i}\right\}$。

则驱动系统(5-1)和响应系统(5-3)能够在控制法则(5-17)调控下自适应同步。

证明:设计的 Lyapunov – Krasovskii 函数为

$$V(t) = V_1(t) + V_2(t) + V_3(t) + V_4(t),$$

其中

$$V_1(t) = \sum_{i=1}^{N} \mathrm{sgn}(e_i(t)) e_i(t),$$

$$V_2(t) = \sum_{k=1}^{m} \sum_{i=1}^{N} \sum_{j=1}^{N} \frac{\hat{b}_{kij}\xi_j^2}{1-\varepsilon} \int_{t-\tau_k(t)}^{t} |e_j(s)| \, \mathrm{d}s,$$

$$V_3(t) = \sum_{k=1}^{m} \sum_{i=1}^{N} \sum_{j=1}^{N} \hat{c}_{kij}\xi_j^3 \int_{-\tau_k'}^{0} \int_{t+s}^{t} |e_j(l)| \, \mathrm{d}l\mathrm{d}s,$$

$$V_4(t) = \frac{1}{2m_1} \sum_{i=1}^{N} (r_{1i}(t) - 2r_{1i}^*)^2 。$$

分别计算 $V_1(t)$，$V_2(t)$，$V_3(t)$ 和 $V_4(t)$ 沿误差系统(5-5)方向的导数如下：

(1)对于 $lT \leqslant t < lT + \eta, l = 0,1,2,\cdots$，

$$\dot{V}_1(t) = \sum_{i=1}^{N} \mathrm{sgn}(e_i(t)) \dot{e}_i(t)$$

$$\leqslant - \sum_{i=1}^{N} c_i |e_i(t)| + \sum_{i=1}^{N} \sum_{j=1}^{N} \hat{a}_{ij}\xi_j^1 |e_j(t)| + \sum_{k=1}^{m} \sum_{i=1}^{N} \sum_{j=1}^{N} \hat{b}_{kij}\xi_j^2 |e_j(t-$$

$$\tau_k(t))| + \sum_{k=1}^{m} \sum_{i=1}^{N} \sum_{j=1}^{N} \hat{c}_{kij}\xi_j^3 \int_{t-\delta_k(t)}^{t} |e_j(s)| \, \mathrm{d}s + \sum_{k=1}^{m} \sum_{i=1}^{N} \sum_{j=1}^{N} (\overline{c}_{kij} -$$

$$\underline{c}_{kij}) |\mathrm{sgn}(e_i(t))| \int_{t-\delta_k(t)}^{t} \xi_j^* \, \mathrm{d}s + \sum_{i=1}^{n} \mathrm{sgn}(e_i(t)) u_i(t) 。 \quad (5\text{-}18)$$

显然

$$\sum_{k=1}^{m} \sum_{i=1}^{N} \sum_{j=1}^{N} \hat{c}_{kij}\xi_j^3 \int_{t-\delta_k(t)}^{t} |e_j(s)| \, \mathrm{d}s \leqslant \sum_{k=1}^{m} \sum_{i=1}^{N} \sum_{j=1}^{N} \hat{c}_{kij}\xi_j^3 \int_{t-\tau_k'}^{t} |e_j(s)| \, \mathrm{d}s 。$$

且

$$\sum_{k=1}^{m} \sum_{i=1}^{N} \sum_{j=1}^{N} (\overline{c}_{kij} - \underline{c}_{kij}) |\mathrm{sgn}(e_i(t))| \int_{t-\delta_k(t)}^{t} \xi_j^* \, \mathrm{d}s$$

$$\leqslant \sum_{k=1}^{m} \sum_{i=1}^{N} \sum_{j=1}^{N} (\overline{c}_{kij} - \underline{c}_{kij}) |\mathrm{sgn}(e_i(t))| \overline{\xi}\delta$$

$$\leqslant \sum_{k=1}^{m} N\overline{\xi}\delta \|\overline{C}_k - \underline{C}_k\|_\infty 。$$

$$\sum_{i=1}^{n} \mathrm{sgn}(e_i(t)) u_i(t) = - \sum_{i=1}^{N} (r_{1i}(t) - r_{1i}^*) |e_i(t)| - \sum_{i=1}^{n} r_{2i} 。$$

因此

$$\dot{V}_1(t) \leqslant - \sum_{j=1}^{N} c_j |e_j(t)| + \sum_{i=1}^{N} \sum_{j=1}^{N} \hat{a}_{ij}\xi_j^1 |e_j(t)| + \sum_{k=1}^{m} \sum_{i=1}^{N} \sum_{j=1}^{N} \hat{b}_{kij}\xi_j^2 |e_j(t-$$

$$\tau_k(t))| + \sum_{k=1}^{m} \sum_{i=1}^{N} \sum_{j=1}^{N} \hat{c}_{kij}\xi_j^3 \int_{t-\tau_k'}^{t} |e_j(s)| \, \mathrm{d}s + \sum_{k=1}^{m} N\overline{\xi}\delta \|\overline{C}_k - \underline{C}_k\|_\infty +$$

$$\sum_{j=1}^{N} r_{1j}^{*} \mid e_j(t) \mid - \sum_{i=1}^{n} r_{2i} \circ$$

$V_2(t)$ 的导数计算如下：

$$\dot{V}_2(t) = \sum_{k=1}^{m} \sum_{i=1}^{N} \sum_{j=1}^{N} \frac{\hat{b}_{kij} \xi_j^2}{1-\varepsilon} [\mid e_j(t) \mid - (1-\dot{\tau}_k(t)) \mid e_j(t-\tau_k(t)) \mid]$$

$$\leqslant \sum_{k=1}^{m} \sum_{i=1}^{N} \sum_{j=1}^{N} \frac{\hat{b}_{kij} \xi_j^2}{1-\varepsilon} \mid e_j(t) \mid - \sum_{k=1}^{m} \sum_{i=1}^{N} \sum_{j=1}^{N} \hat{b}_{kij} \xi_j^2 \mid e_j(t-\tau_k(t)) \mid \circ$$

$V_3(t)$ 和 $V_4(t)$ 的导数计算如下：

$$\dot{V}_3(t) = \sum_{k=1}^{m} \sum_{i=1}^{N} \sum_{j=1}^{N} \hat{c}_{kij} \xi_j^3 \int_{-\tau_k'}^{0} \mid e_j(t) \mid \mathrm{d}s - \sum_{k=1}^{m} \sum_{i=1}^{N} \sum_{j=1}^{N} \hat{c}_{kij} \xi_j^3 \int_{-\tau_k'}^{0} \mid e_j(t+s) \mid \mathrm{d}s$$

$$= \sum_{k=1}^{m} \sum_{i=1}^{N} \sum_{j=1}^{N} \hat{c}_{kij} \xi_j^3 \mid e_j(t) \mid \tau_k' - \sum_{k=1}^{m} \sum_{i=1}^{N} \sum_{j=1}^{N} \hat{c}_{kij} \xi_j^3 \int_{t-\tau_k'}^{t} \mid e_j(s) \mid \mathrm{d}s \circ$$

$$\dot{V}_4(t) = \frac{1}{m_1} \sum_{i=1}^{N} (r_{1i}(t) - 2r_{1i}^{*}) \dot{r}_{1i}(t)$$

$$= \sum_{i=1}^{N} (r_{1i}(t) \mid e_i(t) \mid - 2r_{1i}^{*} \mid e_i(t) \mid) \circ$$

所以

$$\ddot{V}(t) = \dot{V}_1(t) + \dot{V}_2(t) + \dot{V}_3(t) + \dot{V}_4(t)$$

$$\leqslant \sum_{j=1}^{N} \mid e_j(t) \mid \{ -r_{1j}^{*} - c_j + \sum_{i=1}^{N} \hat{a}_{ij} \xi_j^1 + \sum_{k=1}^{m} \sum_{i=1}^{N} \frac{\hat{b}_{kij} \xi_j^2}{1-\varepsilon} + \sum_{k=1}^{m} \sum_{i=1}^{N} \hat{c}_{kij} \xi_j^3 \tau_k' \} +$$

$$\sum_{k=1}^{m} N \overline{\xi \delta} \| \overline{C}_k - \underline{C}_k \|_{\infty} - \sum_{i=1}^{n} r_{2i} \circ \tag{5-19}$$

(2)对于 $lT + \eta \leqslant t < (l+1)T, l=0,1,2,\cdots$

$$\sum_{i=1}^{N} \mathrm{sgn}(e_i(t)) u_i(t) = \sum_{i=n+1}^{N} \mathrm{sgn}(e_i(t)) u_i(t) =$$

$$- \sum_{i=1}^{N} (r_{1i}(t) - r_{1i}^{*}) \mid e_i(t) \mid - \sum_{i=n+1}^{N} r_{2i} \circ$$

则

$$\dot{V}_1(t) \leqslant - \sum_{j=1}^{N} c_j \mid e_j(t) \mid + \sum_{i=1}^{N} \sum_{j=1}^{N} \hat{a}_{ij} \xi_j^1 \mid e_j(t) \mid + \sum_{k=1}^{m} \sum_{i=1}^{N} \sum_{j=1}^{N} \hat{b}_{kij} \xi_j^2 \mid e_j(t-$$

$$\tau_k(t)) \mid + \sum_{k=1}^{m} \sum_{i=1}^{N} \sum_{j=1}^{N} \hat{c}_{kij} \xi_j^3 \int_{t-\tau_k'}^{t} \mid e_j(s) \mid \mathrm{d}s + \sum_{k=1}^{m} N \overline{\xi \delta} \| \overline{C}_k - \underline{C}_k \|_{\infty} -$$

$$\sum_{j=1}^{N} r_{1j}^{*} \mid e_j(t) \mid - \sum_{i=n+1}^{N} r_{2i} \circ \tag{5-20}$$

因此

$$\dot{V}(t) = \dot{V}_1(t) + \dot{V}_2(t) + \dot{V}_3(t) + \dot{V}_4(t)$$

$$\leqslant \sum_{j=1}^{N} \mid e_j(t) \mid \left\{ - r_{1j}^* - c_j + \sum_{i=1}^{N} \hat{a}_{ij} \xi_j^1 + \sum_{k=1}^{m} \sum_{i=1}^{N} \frac{\hat{b}_{kij} \xi_j^2}{1 - \varepsilon} + \sum_{k=1}^{m} \sum_{i=1}^{N} \hat{c}_{kij} \xi_j^3 \tau_k' \right\} +$$

$$\sum_{k=1}^{m} N \overline{\xi \delta} \parallel \overline{C_k} - \underline{C_k} \parallel_\infty - \sum_{i=n+1}^{N} r_{2i} \circ \tag{5-21}$$

当定理 5.2 中给出的限制条件得到满足时，$\dot{V}(t) < 0$。因此，驱动系统(5-1)和响应系统(5-3)能够在控制法则(5-17)调控下自适应同步。

定理 5.2 证毕。

设计以下控制器：

$$u_i(t) =$$

$$- \Delta \tilde{r}_{1i}(t) e_i(t) - r_{2i} \mid \beta_i(t) \mid \mathrm{sgn}(e_i(t)) - \left[\sum_{j=n+1}^{N} \Delta \tilde{r}_{1j}(t) \mid e_j(t) \mid \right] E(t), \qquad 情况 1,$$

$$0, \qquad\qquad\qquad\qquad\qquad\qquad\qquad\qquad\qquad\qquad\qquad\qquad\qquad 情况 2,$$

$$0, \qquad\qquad\qquad\qquad\qquad\qquad\qquad\qquad\qquad\qquad\qquad\qquad\qquad 情况 3,$$

$$- \Delta \tilde{r}_{1i}(t) e_i(t) - r_{2i} \mid \beta_i(t) \mid \mathrm{sgn}(e_i(t)) - \left[\sum_{j=1}^{n} \Delta \tilde{r}_{1j}(t) \mid e_j(t) \mid \right] E'(t), \qquad 情况 4,$$

$$\dot{r}_{1i}(t) = m_1 \mid e_i(t) \mid \tag{5-22}$$

其中，$\Delta \tilde{r}_{1i}(t) = r_{1i}(t) - \mid \alpha_i(t) \mid r_{1i}^*$，$r_{1i}(t)$ 是 r_{1i}^* 的估计，$r_{1i}^* \geqslant 0$；另外，常数 $r_{2i} \geqslant 0$；$0 < \mid \alpha_i(t) \mid \leqslant 1$，$\mid \beta_i(t) \mid \geqslant 1$，$i = 1,2,\cdots,N$；$E(t) = \left[\sum_{j=1}^{n} \mathrm{sgn}(e_j(t)) \right]^{-1}$；$E'(t) = \left[\sum_{j=n+1}^{N} \mathrm{sgn}(e_j(t)) \right]^{-1}$；且根据时间 t 和节点号 i，与式(5-6)中的四类分类情况相同，控制法则(5-22)也分成相同四类情况。

推论 5.3　令假设 5.1 和假设 5.2 成立，且激活函数 $f_j^1(\pm \Gamma_j^k) = f_j^2(\pm \Gamma_j^k) = 0$，$j = 1,2,\cdots,N$，且其他参数满足定理 5.2 中给定的限制条件，则驱动系统(5-1)和响应系统(5-3)能够在控制器(5-22)控制下实现自适应同步。

推论 5.4　若控制器(5-17)中的常系数 r_{2i} 用这样的状态依赖参数 $r_{2i}(e_i(t))$ 代替，即 $r_{2i}(e_i(t)) = \begin{cases} r_{2i}^*, & \mid e_i(t) \mid \geqslant \ddot{F} \\ r_{2i}^{**}, & \mid e_i(t) \mid < F \end{cases}$，常数 r_{2i}^*，r_{2i}^{**} 和 $\ddot{F}$ 均为正值，其他参数满足与定理 5.2 中给定的相同限制条件。则采用这样的控制器能够使驱动系统(5-1)和响应系统(5-3)实现自适应同步。

5.4.2　仿真实验

这里使用式(5-15)和式(5-16)作为驱动系统和响应系统进行数值仿真。根据定理 5.2 中的限制条件,仿真中采用 $m_1 = 10.5$,$r_{11}^{**} = r_{12}^{**} = 25.5$,$r_{21} = r_{22} = 10.8$。通过控制法则(5-17),驱动系统(5-15)和响应系统(5-16)能够实现自适应同步。驱动系统(5-15)与响应系统(5-16)状态随时间变化图以及驱动-响应系统的误差轨迹如图 5-5 所示。对比分析图 5-3 可以看到,当没有控制输入时,系统状态轨迹随时间一直在变化且驱动系统和响应系统的状态轨迹一直没有同步。误差系统的误差轨迹也一直没有收敛,没有达到稳定。但从图 5-5 中可以看到,在有控制器控制作用时驱动系统和响应系统实现了同步,并且一直保持同步。从图 5-5(c)也可以看出误差系统的误差轨迹收敛且保持稳定状态。因此,综合图 5-3 和图 5-5 可以验证得到定理 5.2 的有效性和正确性。

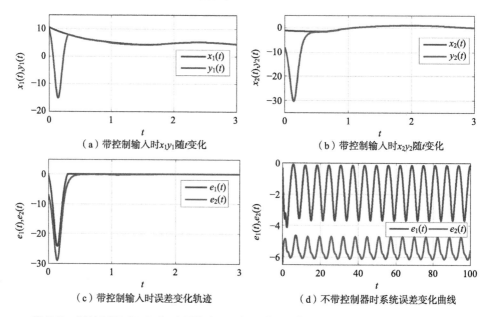

图 5-5 带控制器(5-17)时系统(5-15)和(5-16)的状态变化和误差变化轨迹图

5.5 网络节点数为奇数的解决方案数值仿真

由于网络节点数为奇数时,控制法则数学表达式可能出现无效的情况(为偶数时不会出现表达式无效的情况),注释 5.2 具体解释了原因并给出解决方案。本节对注释 5.2 中提到的当网络节点数为奇数时给出的解决方案设计数值仿真实验进行验证。这里构建一个包含三个节点两重边忆阻切变网络:

$$\dot{x}_i(t) = -c_i x_i(t) + \sum_{j=1}^{3} a_{ij}(x_i(t)) f_j^1(x_j(t)) + \sum_{k=1}^{2} \sum_{j=1}^{3} b_{kij}(x_i(t)) f_j^2(x_j(t -$$

$$\tau_k(t))) + \sum_{k=1}^{2}\sum_{j=1}^{3}c_{kij}(x_i(t))\int_{t-\delta_k(t)}^{t}f_j^3(x_j(s))\mathrm{d}s + I_i(t), i = 1,2,3,$$

$$(5\text{-}23)$$

其中，$c_1 = 1, c_2 = 1.5, c_3 = 1, c_4 = 1.5$。

对应响应系统给定如下：

$$\dot{y}_i(t) = -c_i y_i(t) + \sum_{j=1}^{3}a_{ij}(y_i(t))f_j^1(y_j(t)) + \sum_{k=1}^{2}\sum_{j=1}^{3}b_{kij}(y_i(t))f_j^2(y_j(t-$$

$$\tau_k(t))) + \sum_{k=1}^{2}\sum_{j=1}^{3}c_{kij}(y_i(t))\int_{t-\delta_k(t)}^{t}f_j^3(y_j(s))\mathrm{d}s + I_i(t) +$$

$$u_i(t), i = 1,2,3。$$

$$(5\text{-}24)$$

注释 5.6　结合注释 5.2 中的分析，为了保证控制法则的有效性需要确保 $\sum_{j=1}^{n}\mathrm{sgn}(e_j(t))$ 项和 $\sum_{j=n+1}^{N}\mathrm{sgn}(e_j(t))$ 项是非零的。然而，当网络节点数为奇数时 ($N=3$)，这可能导致上面提到的项为零。因此，人为地向驱动系统(5-23)和响应系统(5-24)中各添加一个节点并为其适当设置与其他网络节点的连接拓扑。这使得驱动系统和响应系统节点数变为偶数。网络规模扩大为 4 节点。但是，目标仍然是使网络(5-23)中的原来三个网络节点与网络(5-24)中的原来三个节点对应同步。

为了获得扩展系统的同步目标，这里适当设置添加节点与原来三个网络节点的连接拓扑。相关参数给定如下：

$$\dot{A} = \begin{matrix} -0.7 & 1.5 & 0.5 & 0.9 \\ 0.5 & 1.6 & -1.7 & 2.2 \\ -0.3 & 1 & 0.8 & -0.7 \\ 0.9 & 1.5 & -0.5 & 1.4 \end{matrix}, \quad \ddot{A} = \begin{matrix} -0.6 & 0.9 & 0.8 & 0.5 \\ 0.4 & 1.1 & -1 & 0.8 \\ -0.5 & 1.5 & 0.3 & -0.6 \\ 0.8 & 0.7 & -0.7 & 1.2 \end{matrix},$$

$$\dot{B}_1 = \begin{matrix} 1.4 & -1 & 2.4 & 0.6 \\ 0.8 & -1.2 & 0.4 & -1.8 \\ -0.6 & 0.5 & -1.5 & 0.5 \\ 2 & 1.4 & -0.9 & 3 \end{matrix}, \quad \ddot{B}_1 = \begin{matrix} 0.5 & -1.2 & 2.2 & 0.8 \\ 1.7 & -0.6 & 1.2 & -1.4 \\ -2.2 & 0.8 & -0.9 & 1 \\ 0.8 & 1.2 & -0.6 & 0.4 \end{matrix},$$

$$\dot{B}_2 = \begin{matrix} 0.9 & -0.6 & 1.4 & 2 \\ 1.8 & 0.8 & -1.2 & -1.8 \\ -0.8 & -1.2 & 0.5 & 0.5 \\ -1 & 0.7 & 0.6 & 1.6 \end{matrix}, \quad \ddot{B}_2 = \begin{matrix} 1.2 & -0.6 & 1 & 1.6 \\ 0.6 & 0.9 & -1 & -1.2 \\ -1.5 & -1.8 & 1.4 & 0.8 \\ -0.7 & 1.4 & 0.9 & 1.8 \end{matrix},$$

$$\dot{C}_1 = \begin{matrix} 1.2 & 0.8 & -1.2 & 1.5 \\ 0.4 & -1.6 & 0.6 & -1.8 \\ -0.6 & 1 & -1.5 & 0.8 \\ -1.4 & -2.2 & 0.9 & 1.4 \end{matrix}, \quad \ddot{C}_1 = \begin{matrix} 0.8 & 1.6 & -1.6 & 1.8 \\ 1.4 & -0.6 & 0.7 & -1.2 \\ -0.8 & 2 & -1.2 & 1.8 \\ -1.6 & -0.8 & 0.4 & 1.6 \end{matrix},$$

$$\dot{C}_2 = \begin{matrix} 0.6 & -1.4 & 0.8 & 1 \\ 1.4 & 0.7 & -1.2 & -1.6 \\ -1.8 & 1.4 & 0.6 & -0.8 \\ 0.8 & -2.6 & 0.4 & 1.8 \end{matrix} , \qquad \ddot{C}_2 = \begin{matrix} 1.4 & -0.8 & 1.4 & 1.6 \\ 0.8 & 1.5 & -0.6 & -1.2 \\ -1.2 & 1 & 2 & -1 \\ 1.6 & -1.6 & 1.6 & 1.4 \end{matrix} ,$$

$$\overline{C}_1 - \underline{C}_1 = \begin{matrix} 0.4 & 0.8 & 0.4 & 0.3 \\ 1 & 1 & 0.1 & 0.6 \\ 0.2 & 1 & 0.3 & 1 \\ 0.2 & 1.4 & 0.5 & 0.2 \end{matrix} , \qquad \overline{C}_2 - \underline{C}_2 = \begin{matrix} 0.8 & 0.6 & 0.6 & 0.6 \\ 0.6 & 0.8 & 0.6 & 0.4 \\ 0.6 & 0.4 & 1.4 & 0.2 \\ 0.8 & 1 & 1.2 & 0.4 \end{matrix} \circ$$

这里的离散时延同(5-15)中给定的离散时延。分布式时延 $\delta_1 = \delta_2 = 0.25(1 + \sin t)$,因此可计算得到 $\tau_1' = \tau_2' = 0.5, \overline{\delta} = 0.5$。$I_1(t) = 1.5\sin t, I_2(t) = -1.5\cos t,$ $I_3(t) = \sin t, I_4(t) = -1.5\cos t$。反馈激活函数 $f_j^1(l) = f_j^2(l) = f_j^3(l) = \tan h(|l| - 1), j = 1,2,3,4$。显然,$\xi_j^1 = \xi_j^2 = \xi_j^3 = 1, \xi_j^* = 1, \overline{\xi} = 1$。驱动系统(5-23)和响应系统(5-24)的初始值 $x(t) = (-2.5, -5.2, -4.9, 2.8)^T$,$y(t) = (3.2, -10.1, -0.8, -1.5)^T, t \in [-1, 0]$。对于间歇控制,相关参数的取值为:$T = 0.002, \eta = 0.001, n = 3$。

根据推论 5.2 中给定的限制条件,为参数取值 $r_1 = 26, r_2 = 12.5$。通过控制器(5-6),驱动系统(5-23)和响应系统(5-24)能够渐近同步。不带控制器和带控制器(5-6)时系统(5-23)和(5-24)的误差变化轨迹图如图 5-6 所示。

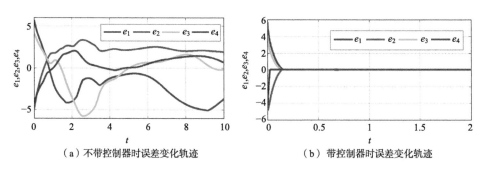

（a）不带控制器时误差变化轨迹　　　　　　（b）带控制器时误差变化轨迹

图 5-6　不带控制器和带控制器（5-6）时系统（5-23）和（5-24）的误差变化轨迹

根据仿真结果图 5-6 可以看到,扩展后的驱动-响应系统在控制器控制下获得了同步。因此,驱动系统和响应系统中原来的三个网络节点也对应实现了同步。

参考文献

[1] PERSHIN Y, VENTRA M D. Experimental demonstration of associative memory with memristive

neural networks[J]. Neural Networks,2010,23(7)：881-886.

[2] WU A,ZENG Z,ZHU X, et al. Exponential synchronization of memristor-based recurrent neural networks with time delays[J]. Neurocomputing,2011,74(17):3043-3050.

[3] ABDURAHMAN A,JIANG H,TENG Z. Finite-time synchronization for memristor-based neural networks with time-varying delays[J]. Neural Networks,2015,69(3/4):20-28.

[4] WANG L,SHEN Y. Design of controller on synchronization of memristor-based neural networks with time-varying delays[J]. Neurocomputing,2015,(147):372-379.

[5] ABDURAHMAN A,JIANG H,RAHMAN K. Function projective synchronization of memristor-based Cohen-Grossberg neural networks with time-varying delays[J]. Cognitive Neurodynamics, 2015,9(6):603-613.

[6] WANG L,SHEN Y,YIN Q, et al. Adaptive synchronization of memristor-based neural networks with time-varying delays[J]. IEEE Transactions on Neural Networks & Learning Systems,2015,26 (9):2033-2042.

[7] GUO Z,WANG J,YAN Z. Global Exponential synchronization of two memristor-based recurrent neural networks with time delays via static or dynamic coupling[J]. IEEE Transactions on Systems Man & Cybernetics Systems,2015,45(2):235-249.

[8] BAO H,PARK J H,CAO J D. Exponential synchronization of coupled stochastic memristor-based neural networks with time-varying probabilistic delay coupling and impulsive delay[J]. IEEE Transactions on Neural Networks & Learning Systems,2016,27(1):190-201.

[9] YANG X,CAO J,QIU J. pth moment exponential stochastic synchronization of coupled memristor-based neural networks with mixed delays via delayed impulsive control[J]. Neural Networks, 2015,65(C):80-91.

[10] INSTITUTE OF CURRICULUM AND TEACHING MATERIALS. Biological compulsory course 3: the steady state and environment[M]. Beijing: People's Education Press,2015.

[11] FILIPPOV A F. Differential equations with discontinuous right-hand side, mathematics and its applications(soviet series)[M]. Boston: Kluwer Academic,1988.

[12] AUBIN J P,CELLINA A. Differential inclusions[M]. Berlin: Springer-Verlag,1984.

[13] YANG Z,LUO B,LIU D, et al. Pinning synchronization of memristor-based neural networks with time-varying delays[J]. Neural Networks,2017(93):143-151.

第6章
复杂动态网络建模
及控制技术展望

6.1 复杂动态网络稳定性和同步性研究总结

本书的研究工作引起于复杂系统的稳定性分析与同步控制问题,继而着眼于新型人工神经网络模型的动力学行为探索,涉及多边复杂动态网络和多边忆阻切变网络,主要研究工作总结为如下几个方面:

(1)充分考虑现实网络中所存在传播时延的真实情况,多边复杂动态网络建模时仅考虑其他网络节点到当前网络节点的时变时延。有限时间同步控制技术给网络同步划定了一条界线,而固定时间同步控制技术则具有很强的现实应用价值,它可以在任何初始条件下保证复杂系统都能够在固定时间内实现同步。因此,基于构建的多边复杂动态网络研究其有限时间同步与固定时间同步的控制策略问题。针对有限时间/固定时间的不同同步目标,提出对应不同的带多边耦合作用的反馈时延控制法则用于调控复杂动态系统的动力学行为,最终严格实现网络的有限时间同步和固定时间同步预期目标。

(2)基于经典忆阻神经网络模型的同步控制研究文献中通常将构成神经系统的神经元之间的沟通连接视为单纯的一条权边。结合关于生物神经元真实构造以及工作原理,提出一种更加贴近生物神经系统的人工神经网络新模型——多边忆阻切变网络。这一新颖网络模型中充分考虑、描述了生物神经元之间的兴奋传导机制和接触形式的多样性。

(3)结合神经元的真实生物结构和工作机理,充分考虑真实环境中可能存在的扰动因子,引入脉冲扰动因子构建生物系统的新数学模型——多边忆阻切变网络。提出一种自适应控制法则研究脉冲环境中的多边忆阻切变网络的有限时间同步和渐近同步控制问题。同时，针对构建的新颖网络模型设计适当的自适应间歇控制器，实现网络有限时间同步或渐近同步的目标且有效压缩同步控制成本。通过严谨的数学推导得到新颖网络模型的新同步控制准则。

（4）考虑到实际生产中复杂系统可能面临大量安全影响因素，引入均匀随机攻击这一干扰因子研究忆阻切变网络在攻击影响下的同步控制问题。结合攻击项、多时变时延等构建网络模型，提出适当的控制法则和对应参数更新规则，研究新颖网络模型的稳定性和有限时间同步/指数同步控制策略问题，并得到一些抗均匀随机攻击的网络同步准则。

（5）为了更加贴近生物神经元的真实工作机制和结构，引入带离散时延和分布式时延的混合时延项，建模一种新的多边忆阻切变网络数学模型。整合间歇思想与牵制控制思想设计一种混杂型控制策略用于探索该新颖网络模型的稳定性和同步性问题。提出的控制技术具有间歇和牵制特性，因此可以灵活地实现控制成本的压缩与管控。

6.2　多边复杂动态网络工作展望

本书在多边复杂动态网络的动力学行为研究方面做了一个抛砖引玉的工作，关于多边滞后复杂动态网络的同步控制问题以及相关应用研究等很多相关工作亟待展开。

（1）对生物神经系统的拓扑结构以及工作机制的数学建模是研究工作的起点。因此，如何更好地将这些生物信息建模到网络数学模型中是一个关键而重要的关注点，需要更多的研究与重视。

（2）由于近年来，针对忆阻神经网络的同步控制策略问题得到众多关注和研究，相关文献也不断涌现。但针对相同或相近网络模型在不同文献中设计给出了众多不同的同步控制技术，目前缺少一个判断标准或者体系来衡量这些控制技术的有效程度和优缺性，以便帮助这些技术更好地应用推广。

（3）对于采用 Lyapunov 稳定性判断理论分析复杂动态网络同步的研究工作，构建一个适当的 Lyapunov 函数是非常关键而重要的。但是，目前关于 Lyapunov 函数的构建很大程度上还是依赖于研究工作者的丰富经验。而如何结合网络模型和控制法则等因素通过一套严谨、标准的推导技术得到一个适当 Lyapunov 函数尚需要进一步探讨研究，这样一套理论的建立可极大推动网络动力学行为的研究以及突破构建 Lyapunov 函数过程中人的主观认识水平的限制。

(4)固定时间同步给网络的同步时间划定了一个很清晰的同步界限,使得网络同步不受初始条件的影响,这对于实际生活工作中的复杂系统动力学行为研究的推广应用意义重大。因此,有必要进一步探索更简捷有效的同步控制技术研究新颖多边忆阻切变网络的固定时间内同步控制问题。